蒸菜、靓汤、饮品大全

邱克洪　主编

黑龙江科学技术出版社
HEILONGJIANG SCIENCE AND TECHNOLOGY PRESS

图书在版编目（CIP）数据

蒸菜、靓汤、饮品大全 / 邱克洪主编. — 哈尔滨：
黑龙江科学技术出版社, 2022.3
ISBN 978-7-5719-1287-1

I.①蒸… II.①邱… III.①蒸菜－菜谱 IV.
①TS972.12

中国版本图书馆CIP数据核字(2022)第024171号

蒸菜、靓汤、饮品大全

ZHENGCAI LIANGTANG YINPIN DAQUAN

作　者	邱克洪
责任编辑	孙　雯
封面设计	深圳·弘艺文化　HONGYI CULTURE
出　版	黑龙江科学技术出版社
地　址	哈尔滨市南岗区公安街70-2号
邮　编	150001
电　话	（0451）53642106
传　真	（0451）53642143
网　址	www.lkcbs.cn
发　行	全国新华书店
印　刷	哈尔滨市石桥印务有限公司
开　本	787 mm×1092 mm　1/16
印　张	12
字　数	200千字
版　次	2022年3月第1版
印　次	2022年3月第1次印刷
书　号	ISBN 978-7-5719-1287-1
定　价	39.80元

目录 CONTENTS

PART 1

新手初学蒸菜——需要了解什么

PART 2

肉类——可以疯狂也可以优雅

PART 3

禽蛋·豆类——意想不到的柔软滑嫩

PART 4

鱼虾·蟹贝——江河湖海有鲜味

PART 5

肉汤

PART 6
蔬菜汤

PART 7

甜汤

PART 8

果汁

PART 9

奶昔、思慕雪、排毒水

PART *1*

新手初学蒸菜——
需要了解什么

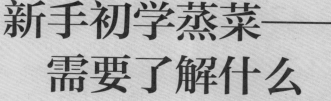

蒸菜的优点

"营养还是蒸的好。"从这句俗语可以看出蒸菜是非常有营养的。是的,与平时的炒及油炸等烹调方法相比,蒸属于低温烹调,温度最高为100℃,营养损失少。而且,蒸菜保留了食物的原味,更有利于身体健康。

一、蒸属于低温烹调,营养损失少

蒸菜靠蒸汽来加热食物,最高温度只有100℃,对食物中营养的破坏很少,而我们平时炒菜时,油温可达二三百摄氏度。大米、面粉、玉米面用蒸的方法,其营养成分可保存95%以上,但若用油炸的方法,其维生素B_2和烟酸会损失约50%,维生素B_1则几乎损失殆尽。相关研究还发现,蒸菜所含的多酚类营养物质,如黄酮类的槲皮素,含量显著地高于其他烹调方法做出来的菜。因此,与烧、烤、煎、炸、炒等烹调方法相比,蒸菜中的营养物质可以较多地保留下来。虽然煮和炖的烹调方法,其温度和蒸的方法相当,但煮菜、炖菜时食材的汤汁容易流失,加热时间往往更长,而且需要更多的调味品来入味。足见,蒸菜的确是保留食材营养的健康烹调方法。

二、蒸菜不需要太多的食盐

有汤的蒸菜通常只需要在最后加入少许食盐调味,现代人食盐的摄入量普遍较高,这样的菜肴对于减盐也是有帮助的。

三、蒸菜的原料来源很广泛

中华千年美食文化素有"无菜不蒸"之说，在河南民间，基本没有什么不能蒸的蔬菜，而且做蒸菜时往往都会用多种蔬菜做原料，土豆、芹菜、胡萝卜、茄子、莲藕、茼蒿，甚至野菜等一起上锅蒸，不仅做出的蒸菜五颜六色，而且充分体现了饮食多样化的特点。另外，对于蒸菜所搭配的面粉，也不拘泥于小麦粉，玉米面粉、小米面粉和各种杂豆粉都是很好的选择，而且可以补充粗粮。

此外，蒸菜里的膳食纤维软化后更容易消化吸收，膳食纤维还有助于降低血脂，排出肠道内的毒素。

蒸菜的技巧

　　蒸既是一种常用的烹饪方法，又是一种很讲技巧的烹饪技艺。如果只掌握了蒸的基本技巧，只能说是会做蒸菜了；若要做好蒸菜，还需要掌握蒸的更多技巧。俗话说："熟能生巧。"这就要求蒸菜厨师首先熟练掌握蒸的基本技能，并在"熟"的基础上再"生"出"巧"来。

 选料

　　选料是蒸菜厨师的基本功之一。蒸菜原料十分广泛，如禽、畜、鱼、面、蔬、果等几乎都可用来制作蒸菜。对于不同的蒸菜则要选择不同的材料，这就要求熟悉和掌握各种不同主料、辅料的特性和适用范围，如粉蒸多选用猪肉、牛肉，清蒸多选用鱼类，目前很多创新菜大多采用复合原材料或半成品。

 调味

　　蒸菜大多为一次成味，蒸菜厨师需要有扎实的调味基本功。调味是蒸菜制作时的一道重要工序，是根据不同的主料、辅料、口味、蒸法而进行的准确、适当、相宜的调制过程。调味主要在加热前完成，而且要一次调准，因为菜肴在蒸制过程中不便再行调味，而蒸好后的蒸菜多直接翻扣于盘中食用，也不好再补充味道了。

 刀工

　　蒸菜的型对成菜十分重要，因此厨师的刀工要过硬。对于原料，需要根据不同的成菜要求，使用不同的刀具，运用不同的刀法，加工成一定的形状后才能继续加工蒸制，以满足食用的需求和审美的需求。常用的刀法有直刀、平刀、斜刀和各种花刀。基本要求：不论是丝、片、条、块，还是整形，要做到粗细均匀、厚薄一致、长短相等、大小适当、整齐和互不拖连；需速蒸的或不易熟、不易入味的原料，多切丝、片、条和块，并且要细、薄、小。

装盘与翻盘

　　装盘与翻盘，有的地方也称定碗与翻盘，这也是蒸菜厨师必须掌握的基本功。蒸菜的装盘很有讲究，具有一定的技术性和艺术性。蒸菜要按照一定的顺序和规律进行装盘，如扣蒸要将主料按一定的形式摆放在碗底，上面放上适量的辅料，待蒸好后再翻扣在另一盘中，这时所呈现的形状效果才是该蒸菜最终要达到的。

 炉功

　　许多蒸菜的原料在蒸之前需要进行初加工，或蒸好后需要在炉子上再次调味或再次烹调，所以炉功也是基本功之一。

 蒸具选用

　　蒸具对蒸菜成菜至关重要，因此蒸具的密合和透气效果直接决定了蒸具内气压的高低，而成菜效果主要取决于气压的高低，因此应引起厨师高度的注意。

　　传统蒸具：竹质蒸笼、木质蒸笼。这类蒸具透气性好，并带有竹（木）制品特有的香味，最适合做蒸菜。

⑦ 火候控制

　　火候也是制作蒸菜的关键因素。大部分原料需用旺火足汽蒸制，如鱼、肉等，火小了会导致原料色泽不鲜艳、口感单一，使新鲜原料反而有不新鲜原料的效果。但是，一些精细原料，如蒸蛋糕、芙蓉菜和表面有高丽糊的，则需要用中火或小火蒸制，以免变形或表面出现凹坑，影响菜肴的美观。

⑧ 水温调制

　　蒸是一种用蒸汽传热的烹饪方法，水温对蒸菜有重要影响。水滚后再将原料放入蒸笼中，这样既可节省时间，也可缩短原料的受热时间，还能保留更多的营养；蒸锅内要一直装满水，如果水太少的话，蒸汽量就会减少，蒸笼边缘也易烧焦，甚至导致原料串味；中途如需加水，须加沸水，温度才不会下降，而且能避免回笼水影响菜肴。

⑨ 入笼摆放

　　蒸菜在笼中的摆放也有很多讲究和技巧，如汤水少的要放在上面，汤水多的放在下面；色泽浅的要放在上面，色泽重的放在下面；不易熟的要放在上面，易熟的放在下面，等等。

⑩ 时间掌握

　　蒸菜，特别是清蒸类的，蒸制时间少一分则不足，多一分则过之。餐厅常遇到因掌握不好蒸制时间而造成客人退菜或不买单的情况，特别是一些比较高档的原料，如多宝鱼、龙虾、蟹等，会给餐厅造成更大的损失，因此，掌握好蒸菜的时间技巧是必要的。

⑪ 避免多汁

　　蒸菜的汁过多会严重影响成菜效果，因此在制作中要特别注意。原料洗净后，先将表面的水分抹干，然后再调味；中途不能闪火，以免水蒸气掉在菜肴上，增加菜汁。

蒸菜的分类

蒸菜为什么好吃？这与其种类多样是有很大关系的。在中国，蒸菜的种类主要分为以下这几类：

一、粉蒸

即将原料调好味后，拌上米粉蒸制。

二、扣蒸

将原料拼出各种花纹图形，放在特制的器皿中蒸熟。

三、包蒸

用菜叶、荷叶包上调味后的原料蒸制，有的外面还需用玻璃纸包好。

四、清蒸

也有的地方称清炖，是将原料加上调味料及少许高汤，上笼蒸制，然后淋芡少许而成。

五、酿蒸

即原料表面涂贴鱼茸、虾茸、鸡茸等，再做成各种形状，或在食物中塞入各种馅，放入盆中或碗中，上笼蒸制。蒸熟后仍保持原有的色彩与味道。

六、造型蒸

即将原料加工成茸后，拌入调味料和助凝固物质，如蛋清、淀粉、琼脂等，做成各种形态，装在模具内上笼蒸制，蒸熟后即可定型。

蒸出好滋味的诀窍

　　蒸，是最能体现食材本身味道的烹饪手段，加上耗时短、操作简单，很多人都爱蒸菜。但蒸简单吗？其实真细究起来，还有很多需要注意的地方。

一、待水沸再放材料

　　要蒸东西通常需先等锅内的水沸再放入材料，蒸时要隔水蒸，但若是要炖东西，则可直接放在水中加热。

二、添水时请添沸水

　　蒸的时候，锅内必须一直装满热水。水太少的话，水蒸气量就会减少，蒸笼边缘也易烧焦。如果水不够就立刻加入沸水，温度才不会下降。

三、蒸的时长、火候依材料而异

　　大部分的材料多用大火蒸，如肉和鱼。但是若要蒸蛋，则最好用小火蒸，其表面才不会有凹坑。长时间蒸时，应该避免中途打开盖子，因为这样会让蒸笼内的温度下降。最后，请依照材料的多少、大小来蒸，蒸出来的食物才好吃。

四、蒸笼

　　传统的蒸笼均以竹子编制，所以透气性良好，很适于蒸东西。不过若没有竹质蒸笼也没关系，金属的蒸锅效果也不错。但在选购时要注意买锅盖能够密合的，这样才有效果。

PART 2

肉类——
可以疯狂
也可以优雅

小米洋葱蒸排骨

材料：水发小米200克、排骨段300克、洋葱丝35克、姜丝少许

调料：盐少许、白糖少许、老抽适量、生抽适量、料酒适量

做法

1 把洗净的排骨段装入碗中，放入洋葱丝，撒上姜丝。
2 搅拌均匀，再加入盐、白糖，淋上料酒、生抽、老抽。
3 拌匀，倒入洗净的小米，搅拌一会儿。
4 把拌好的材料转入蒸碗中，腌制约20分钟，待用。
5 蒸锅上火烧开，放入蒸碗。
6 盖上盖，用大火蒸约35分钟，至食材熟透。
7 关火后揭盖，取出蒸好的菜肴。
8 稍微冷却后即可食用。

娃娃菜蒸酱肉

材料：娃娃菜300克、酱肉100克、水发枸杞子若干

调料：盐2克、鸡粉2克、水淀粉适量

做法

1 娃娃菜对半切开，切成整齐的段。
2 酱肉切片。
3 备好碗，将娃娃菜铺在碗底，上面铺一层肉片。
4 蒸锅注水烧开，放入食材，加盖，大火蒸20分钟左右。
5 揭盖，将蒸好的食材取出待用。
6 热锅中注入适量清水，加入盐、鸡粉拌匀。
7 用水淀粉收汁。
8 关火，将做好的酱汁浇在食材上，放上水发枸杞子点缀即可。

青豆粉蒸肉

🌿**材料**：五花肉 500 克、豌豆 100 克、蒸肉粉 100 克、姜末适量、蒜末适量

🍶**调料**：花椒粉 5 克、辣椒粉 5 克、五香粉 5 克、生抽 10 毫升、老抽 5 毫升、料酒 10 毫升、豆瓣酱 10 克

🍴**做法**

1 五花肉洗净，然后切成大片。
2 往五花肉中加入花椒粉、辣椒粉、五香粉、生抽、老抽、料酒、姜末、蒜末、豆瓣酱，抓匀，腌制 1 小时。
3 向腌好的五花肉中投入蒸肉粉，抓匀。
4 取一只大碗，将裹好蒸肉粉的肉片一片片码入碗底，洗干净的豌豆铺在上面，压实。
5 蒸锅注水烧开，放入食材，大火转中小火蒸 1 小时。
6 揭盖，将食材取出即可。

 梅干菜咸烧白

🌿**材料**：五花肉 500 克、梅干菜 150 克、蒜末适量、葱末适量、姜末适量

🍶**调料**：八角末适量、五香粉适量、腐乳适量、白酒适量、老抽适量、盐适量、白糖适量、鸡粉适量、水淀粉适量、食用油适量

🍴**做法**

1 锅中注水烧开，放入五花肉，汆煮约 1 分钟。将煮好的五花肉夹出，用竹签在肉皮上扎孔，抹上老抽。
2 锅中注油烧热，放入五花肉，炸约 1 分钟至肉皮呈深红色。捞出，放入清水中浸泡片刻。
3 炒锅注油烧热，放入蒜末、梅干菜，略炒，加入盐、白糖，拌炒，盛出装盘。
4 用油起锅，放入蒜末、葱末、姜末、八角末、五香粉、腐乳，煸炒香；倒入切片五花肉，翻炒，加入白糖、鸡粉、老抽、白酒、清水，煮沸。
5 五花肉码入碗内，取适量梅干菜夹在肉片之间，剩余铺在肉片上。淋入锅中的汤汁。放入蒸锅加盖，蒸约 2 小时。蒸好后倒扣在盘中。
6 锅中注入食用油，倒入腐乳汁、老抽、水淀粉，制成稠汁，浇在五花肉上即成。

梅干菜扣肉

🌿**材料：** 五花肉 200 克、梅干菜 80 克、蒜末适量、葱末适量、姜末适量

🍵**调料：** 盐适量、白糖适量、白酒适量、老抽 5 毫升、八角末适量、五香粉适量、腐乳适量、味精适量、食用油适量

🍴🍴**做法**

1 锅中注水烧开，放入五花肉，汆煮 1 分钟后捞出。用竹签在肉皮上扎孔，五花肉抹上老抽；梅干菜洗净切碎。

2 锅中注油烧热，放入五花肉，炸约 1 分钟至肉皮呈深红色，捞出，放入清水中浸泡片刻。

3 炒锅注油烧热，放入蒜末，梅干菜，略炒，加入盐、白糖，拌炒。装盘备用。

4 用油起锅，放入蒜末、葱末、姜末、八角末、五香粉、腐乳，煸炒香，再倒入切成片的五花肉，翻炒入味。加入白糖、味精、老抽、白酒、清水，煮沸。

5 五花肉码入碗内，取适量梅干菜夹在肉片之间，剩余在肉片上淋入适量的锅中的汤汁。

6 蒸锅注水烧开，放入食材，中火蒸约 2 小时，即可。

 大喜脆炸粉蒸肉

🌿**材料：** 猪肉 300 克、粉蒸肉粉 100 克、红腰豆 50 克、青椒 20 克、红柿子椒 20 克、酸菜 20 克、蒜末适量

🍵**调料：** 盐 2 克、鸡粉 2 克、食用油适量

🍴🍴**做法**

1 青椒、红柿子椒切成丁。

2 猪肉切成大块。

3 往猪肉中倒入粉蒸肉粉，混匀待用。

4 热锅注油，烧至六七成热，倒入猪肉块，炸至两面微黄色。

5 捞出炸好的猪肉块，并摆好盘待用。

6 锅内留油，倒入蒜末爆香。

7 倒入青椒、红柿子椒，翻炒。

8 倒入红腰豆、酸菜翻炒。

9 加入盐、鸡粉，炒匀入味。

10 将炒好的食材盛出，盖在猪肉块上即可。

蒸肉豆腐

🌿**材料：**鸡胸肉 120 克、豆腐 100 克、鸡蛋 1 个、葱末适量

📍**调料：**盐适量、生抽适量、生粉适量、食用油少许

🍴**做法**

1 用刀将洗净的豆腐压碎，剁成泥。
2 洗好的鸡胸肉切成条，再切成丁。
3 鸡蛋打入碗中，打散，调匀。
4 取榨汁机，选"绞肉"刀座组合，把鸡肉倒入杯中，拧紧刀座。
5 选择"绞肉"功能，把鸡肉丁绞成肉泥。
6 将鸡肉泥倒入盘中，加入蛋液、葱末，拌匀。
7 加入适量盐、生抽、生粉，搅拌均匀，将豆腐泥盛入碗中，拌匀。
8 取一个碗，抹上少许食用油，倒入豆腐泥。
9 加入蛋液鸡肉泥，抹平，把碗放入烧开的蒸锅中。
10 盖上盖，用中火蒸 10 分钟至熟后取出即可。

 粉蒸肥肠

🍴**做法**

1 肥肠切小段。
2 往肥肠中倒入粉蒸肉粉，混匀。
3 蒸锅注水，放入肥肠，加盖，大火烧开后调成中火蒸 50 分钟。
4 揭盖，将肥肠取出，撒上葱花即可。

🌿**材料：**肥肠 300 克、粉蒸肉粉 100 克、葱花适量

粉蒸排骨

做法

1 将洗净的排骨斩块。
2 盛入碗中，再放入少许蒜末。
3 加入粉蒸肉粉，抓匀。
4 放入少许鸡粉，拌匀。
5 倒入少许食用油，抓匀。
6 将排骨盛入盘中备用。
7 盖上盖，小火蒸约 20 分钟。
8 揭盖，把蒸好的排骨取出，撒上葱花即可。

材料：排骨 500 克、粉蒸肉粉 100 克、蒜末少许、葱花少许

调料：鸡粉少许、食用油少许

百年土香碗

做法

1 鸡蛋打好，搅散。
2 往猪肉末中加适量的蒜泥、盐、鸡粉、花椒粉，拌匀，待用。
3 热锅注油，倒入蛋液，煎成蛋皮。
4 取出煎好的蛋皮，摊开待冷却。
5 将肉末倒入蛋皮中，卷成卷。
6 蒸锅注水，放入蛋皮卷，中火蒸 15~20 分钟。
7 揭盖，将食材取出后切块，香碗做成。
8 锅中加适量的清水、姜片、上海青、熟鹌鹑蛋，放香碗块煮 5 分钟。
9 将煮好的香碗盛入碗中，撒上葱花即可。

材料：猪肉末 200 克、鸡蛋 3 个、熟鹌鹑蛋 4 个、上海青 2 棵、葱花适量、姜片少许、蒜泥适量

调料：盐适量、鸡粉适量、食用油适量、花椒粉适量

老南瓜粉蒸排骨

做法

1 将洗净的排骨斩块。
2 盛入碗中，再放入蒜末。
3 加入粉蒸肉粉，抓匀。
4 放入鸡粉、盐，拌匀。
5 倒入食用油，抓匀。
6 将排骨盛入南瓜里备用。
7 盖上盖，小火蒸约 20 分钟。
8 揭盖，把蒸好的排骨取出，撒上葱花即可。

材料：去皮老南瓜 500 克、排骨 400 克、粉蒸肉粉适量、蒜末少许、葱花适量

调料：盐 2 克、鸡粉 2 克、食用油适量

 ## 豆豉蒸排骨

做法

1 取一大碗，放入洗净的排骨，加入豆豉酱。
2 加入白糖、盐、生抽、蚝油、生粉，拌匀。
3 将食材倒入碗中，盖上食品保鲜膜，待用。
4 电蒸锅注水烧开，放入食材。
5 盖上盖，蒸 20 分钟。
6 揭盖，取出食材。
7 揭开食品保鲜膜，撒上葱花即可。

材料：排骨 300 克、葱花适量、豆豉酱 10 克

调料：白糖 2 克、盐 3 克、生抽 5 毫升、蚝油 5 克、生粉适量

粉蒸小牛肉

🌱**材料**：牛肉 500 克、蒸肉粉 100 克、姜泥适量、蒜泥适量

🍶**调料**：花椒粉 5 克、辣椒粉 5 克、五香粉 5 克、生抽 10 毫升、老抽 5 毫升、料酒 10 毫升、豆瓣酱 10 克

🍴**做法**

1 牛肉洗净，切成大片。
2 往牛肉中加入花椒粉、辣椒粉、五香粉、生抽、老抽、料酒、姜泥、蒜泥、豆瓣酱，抓匀，腌制 1 小时。
3 腌好的五花肉投入蒸肉粉，抓匀。
4 取一大碗，将裹好蒸肉粉的肉片一片片码入碗底。
5 蒸锅注水烧开，放入食材，大火转中小火蒸 1 小时。
6 揭盖，将食材取出即可。

🌱 **鸡肉蒸豆腐**

🌱**材料**：豆腐 350 克、鸡胸肉 40 克、鸡蛋 50 克

🍶**调料**：盐少许、芝麻油少许

🍴**做法**

1 洗好的鸡胸肉切片，剁成肉末，鸡蛋打入碗中，打散调匀，制成蛋液，将鸡肉末盛入碗中，倒入蛋液，搅拌均匀，加入少许盐，拌至起劲，制成肉糊。
2 锅中注水烧热，加入少许盐，放入豆腐，煮约 1 分钟去除豆腥味，捞出煮好的豆腐，沥水，放凉待用，将豆腐放在砧板上，压碎，剁成细末，淋入芝麻油，搅拌匀，制成豆腐泥，盛入蒸盘，铺平，倒入肉糊，待用。
3 蒸锅上火烧开，放入蒸盘，加盖，用中火蒸约 5 分钟至食材熟透，揭开锅盖，待蒸汽散去取出，稍放凉即可食用。

粉蒸鸭块

做法

1 鸭块装碗,倒入料酒、姜蓉、葱段,放入生抽,加入盐,注入食用油,拌匀,腌制约15分钟,取腌制好的鸭块,加入蒸肉米粉,拌匀,再放入蒸盘中,摆好盘。

2 备好电蒸锅,水烧开后放入蒸盘,盖上盖,蒸约30分钟至食材熟透。

3 断电后揭盖,取出蒸盘,撒上葱花即可。

材料:鸭块400克、蒸肉米粉60克、姜蓉5克、葱段5克、葱花3克

调料:盐2克、生抽8毫升、料酒8毫升、食用油适量

粉蒸五花肉

做法

1 五花肉洗净,切成大片。

2 往五花肉中加入花椒粉、辣椒粉、五香粉、生抽、老抽、料酒、姜泥、蒜泥、豆瓣酱,抓匀,腌制1小时。

3 腌好的五花肉投入蒸肉粉,抓匀。

4 取一大碗,将裹好蒸肉粉的肉片一片片码入碗底,洗干净的豌豆铺在上面,压实。

5 蒸锅注水烧开,放入食材,大火转中小火蒸1小时。

6 揭盖,将食材取出即可。

材料:五花肉500克、豌豆100克、蒸肉粉100克、姜泥适量、蒜泥适量

调料:花椒粉5克、辣椒粉5克、五香粉5克、生抽10毫升、老抽5毫升、料酒10毫升、豆瓣酱10克

广式糯米排

🍃**材料：**排骨 500 克、糯米 200 克、红椒粒适量、青椒粒适量、姜末适量、蒜末适量、葱花适量

📗**调料：**老抽 3 毫升、生抽 5 毫升、蚝油 5 克、料酒 5 毫升、盐 3 克、白糖 2 克

🍴🍴**做法**

1 糯米用水浸泡 5 ~ 8 小时。
2 排骨洗净切成小块，用姜末、蒜末、老抽、生抽、蚝油、料酒、盐和白糖抓匀后腌制 2 小时。
3 将腌好的排骨放糯米里面粘满糯米。
4 蒸锅注水，放入排骨，大火蒸 50 分钟。
5 揭盖，将蒸好的排骨取出，盛入盘中，撒上葱花和红椒粒、青椒粒即可。

锅巴粉蒸肉

🍃**材料：**排骨 500 克、蒸肉粉 100 克、红椒 10 克、青椒 10 克、锅巴 50 克、蒜末适量

📗**调料：**鸡粉 3 克、食用油适量

🍴🍴**做法**

1 将洗净的排骨斩块。
2 将排骨盛入碗中，再放入蒜末。
3 加入蒸肉粉，抓匀。
4 放入鸡粉，拌匀。
5 倒入适量食用油，抓匀。
6 将排骨盛入盘中备用。
7 将排骨放入蒸锅，盖上盖，小火蒸约 20 分钟。
8 热锅注油，倒入青椒、红椒，翻炒。
9 盛出炒好的青椒和红椒待用。
10 揭盖，把蒸好的排骨取出，摆上锅巴，放上青椒、红椒即可。

时蔬肉饼

🌿**材料：** 菠菜50克、番茄85克、土豆85克、芹菜50克、肉末75克

📋**调料：** 盐少许

🍴**做法**

1 汤锅中注水烧开，放入洗净的番茄，烫煮1分钟取出盛入小碟，去皮备用。将去皮洗净的土豆对半切开，切成丝；洗净的芹菜切成粒，再剁成末；洗净的菠菜切成粒；番茄对半切开，去蒂，切片，再剁碎。

2 将装有土豆的盘子放入烧开的蒸锅中，盖上盖，用中火蒸15分钟至其熟透，揭盖，把蒸熟的土豆取出，把土豆倒在砧板上，用刀把土豆压烂，剁成泥，将土豆泥盛入碗中，放入肉末，拌匀后放入盐，加入番茄、菠菜，再放入芹菜，拌匀，制成蔬菜肉泥，放入模具中，压实，取出制成饼坯，盛入盘中备用。

3 将饼坯放入烧开的蒸锅中，大火蒸5分钟至熟，取出即可。

 干豇豆蒸蹄花

🌿**材料：** 水发干豇豆100克、猪蹄500克、干辣椒10克、生姜片2片、八角2个、桂皮1片、葱段适量

📋**调料：** 盐2克、鸡粉2克、蚝油适量、冰糖适量、食用油适量、水淀粉少许

🍴**做法**

1 猪蹄剁成块儿。

2 猪蹄块入冷水，煮到水沸腾，撇去浮沫，用温水洗净猪蹄块待用。

3 热锅注油，倒入冰糖，开始炒糖色。

4 糖色炒好后加入开水煮开。倒入干辣椒、生姜片、八角、桂皮，炒香。

5 将猪蹄块放入其中，炒匀。

6 慢火焖约40分钟至猪蹄块熟烂。

7 加入盐、鸡粉、蚝油拌匀调味。

8 慢火焖25分钟入味、收汁，倒入水淀粉勾芡。

9 将猪蹄块盛出待用。

10 蒸锅注水烧开，放入水发干豇豆、猪蹄块，中火蒸10分钟。

11 揭盖，取出食材，摆上葱段即可。

金瓜粉蒸肉

材料：雕刻好的老南瓜 500 克、猪肉 400 克、粉蒸肉粉 100 克、红椒粒适量、蒜末适量、葱花适量

调料：盐 2 克、鸡粉 2 克、食用油适量

做法

1 将洗净的猪肉切块。
2 盛入碗中，再放入蒜末。
3 加入适量粉蒸肉粉，抓匀。
4 放入鸡粉、盐，拌匀。
5 倒入食用油，抓匀。
6 将猪肉盛入老南瓜里备用。
7 盖上盖，小火蒸约 20 分钟。
8 揭盖，把蒸好的食材取出，撒上葱花、红椒粒即可。

橘香粉蒸肉

材料：橘子皮盅适量、五花肉 300 克、蒸肉粉 100 克、姜末适量、蒜末适量

调料：花椒粉 5 克、辣椒粉 5 克、五香粉 5 克、生抽 10 毫升、老抽 5 毫升、料酒 10 毫升、豆瓣酱 10 克

做法

1 五花肉洗净，然后切成大片。
2 往五花肉中加入花椒粉、辣椒粉、五香粉、生抽、老抽、料酒、姜末、蒜末、豆瓣酱，抓匀，腌制 1 小时。
3 腌好的五花肉投入蒸肉粉，抓匀。
4 取一大碗，将裹好蒸肉粉的肉片一片片码入碗底。
5 蒸锅注水烧开，放入食材，大火转中小火蒸 1 小时。
6 揭盖，将食材取出。
7 蒸好的五花肉盛入做好的橘子皮盅里即可。

肉末蒸丝瓜

🌿**材料**：肉末 80 克、丝瓜 150 克、葱花少许

🍶**调料**：盐少许、鸡粉少许、老抽少许、料酒 2 毫升、水淀粉适量、食用油适量

🍴 **做法**

1 将洗净去皮的丝瓜切成棋子状的小块，备用。
2 用油起锅，倒入肉末，翻炒至肉变色。
3 淋入料酒，炒香、炒透，再倒入老抽，炒匀上色。
4 加入鸡粉、盐，炒匀调味。
5 倒入水淀粉，炒匀，制成酱料，关火后盛出酱料，放在碗中，待用。
6 取一个蒸盘，摆放好丝瓜块，再放上备好的酱料，铺匀。
7 蒸锅上火烧开，放入装有丝瓜段的蒸盘。
8 盖上盖，用大火蒸约 5 分钟，至食材熟透。
9 关火后揭开盖，取出蒸好的食材。
10 趁热撒上葱花，浇上热油即可。

 # 虾酱蒸鸡翅

🌿**材料**：鸡翅 120 克、木耳 20 克、姜片少许、香菜少许、虾酱适量、姜末少许

🍶**调料**：盐少许、生抽 3 毫升、生粉适量

🍴 **做法**

1 少量木耳泡发；鸡翅洗净放入碗中，淋入生抽，倒入姜末、虾酱，加入盐，再撒上生粉，拌匀，腌制 15 分钟至入味。
2 取一个干净的盘子，底部摆上姜片，再摆放上木耳和腌制好的鸡翅，待用。
3 蒸锅上火烧开，放入装有鸡翅的盘子，盖上锅盖，用中火蒸约 10 分钟至食材熟透。
4 揭开盖子，取出蒸好的鸡翅，撒上适量香菜叶即可，也可以根据个人口味洒上少量柠檬汁食用。

山楂木耳蒸鸡

做法

1 取一碗，放入鸡块，加入生抽、盐、白糖、生粉、食用油、葱花，用筷子搅拌均匀，倒入水发木耳、山楂，拌匀，将拌好的食材盛入盘中，腌制 15 分钟待用。

2 取电饭锅，注入适量清水，放入拌好食材的蒸盘，盖上盖，选择"蒸煮"功能，定时 20 分钟，开始蒸煮。

3 待蒸煮完成，开盖，将蒸好的食材盛入盘中即可。

材料： 鸡块 200 克、水发木耳 50 克、山楂 10 克、葱花 4 克

调料： 生抽 3 毫升、生粉 3 克、盐 2 克、白糖 2 克、食用油适量

麻婆粉蒸肉

做法

1 洗净的豆腐切丁。

2 五花肉洗净，切成大片。

3 五花肉中加入花椒粉、辣椒粉、五香粉、生抽、老抽、料酒、姜末、蒜末、豆瓣酱，抓匀，腌 1 小时。

4 热锅注水烧热，放入豆腐，焯 2 分钟，捞出备用。

5 热锅注油烧热，放入豆瓣酱、蒜末炒香。倒入鸡汤，再倒入生抽，拌匀。

6 放入豆腐烧开，撒入鸡粉、盐，炒至入味。加入水淀粉勾芡，撒入花椒粉调味。撒入葱花。待用。

7 腌好的五花肉加蒸肉粉，抓匀。

8 蒸锅注水烧开，放入五花肉，大火转中小火蒸 1 小时。

9 取出食材，周围浇上豆腐即可。

材料： 五花肉 400 克、豆腐 200 克、鸡汤、姜末、蒜末、葱花各适量、蒸肉粉 500 克

调料： 盐 3 克、鸡粉 3 克、花椒粉 5 克、辣椒粉 5 克、五香粉 5 克、生抽 10 毫升、老抽 5 毫升、料酒 10 毫升、豆瓣酱 10 克、水淀粉适量、食用油适量

荷叶糯米蒸排骨

做法

1 排骨切小块，糯米用水浸泡 5~8 小时。

2 荷叶用淡盐水浸泡半小时后洗净备用。

3 排骨洗净，用姜末、蒜末、老抽、生抽、蚝油、料酒、盐和白糖抓匀后腌制 2 小时。

4 将腌制好的排骨放糯米里面并粘满糯米。

5 洗净的荷叶在蒸笼内摊开，放入糯米排骨，用荷叶包裹起来。

6 蒸锅注水，放入排骨，大火蒸 50 分钟。

7 揭盖，将蒸好的排骨取出，盛入碗中，撒上葱花和红椒粒即可。

材料：排骨 500 克、糯米 200 克、红椒粒 10 克、姜末适量、蒜末适量、葱花适量

调料：老抽 3 毫升、生抽 5 毫升、蚝油 5 克、料酒 5 毫升、盐适量、白糖 2 克

粉蒸牛肉

做法

1 处理好的牛肉切成片，待用。

2 取一个碗，倒入牛肉片，加入盐、鸡粉，放入料酒、生抽、蚝油、水淀粉，搅拌匀。

3 加入蒸肉米粉，搅拌片刻。

4 取一个蒸盘，将拌好的牛肉盛入盘中。

5 蒸锅上火烧开，放入牛肉片，盖上锅盖，大火蒸 20 分钟至熟透。

6 取出装盘，放入蒜末、红椒、葱花。

7 锅中注入食用油，烧至六成热。

8 将烧好的热油浇在牛肉片上即可。

材料：牛肉 300 克、蒸肉米粉 100 克、蒜末少许、红椒少许、葱花少许

调料：盐 2 克、鸡粉 2 克、料酒 5 毫升、生抽 4 毫升、蚝油 4 克、水淀粉 5 毫升、食用油适量

荷叶饼粉蒸肉

材料： 五花肉 400 克、水发荷叶 2 张、粉蒸肉粉 100 克、面粉 200 克、酵母 2 克、葱丝适量、姜丝适量

调料： 生抽、红烧酱油、白糖、料酒、蚝油各适量

做法

1 五花肉切片。

2 五花肉用生抽、红烧酱油、白糖、料酒、蚝油、葱丝、姜丝腌制过夜。往五花肉中倒入粉蒸肉粉。

3 将五花肉放入水发荷叶中包起来。

4 蒸锅注水，放入五花肉，加盖，大火蒸 20 分钟。

5 往面粉中加入酵母，放入一勺白糖，注入适量水，和面 5 分钟左右，直到面光滑。

6 将和好的面分成几份，揉圆，擀成牛舌状。

7 往面皮上刷油，对折，做成荷叶状，放入蒸笼，发酵 20 分钟。

8 揭盖，将蒸好的五花肉取出待用。

9 将发酵好的面皮放入蒸锅中，大火蒸 15 分钟，关火闷 5 分钟。

10 揭盖，将蒸好的面皮取出，盛入盘中即可。

椒麻土鸡片

材料： 土鸡肉 300 克、新鲜花椒 5 克、小葱 20 克、红椒丁适量、姜片适量

调料： 生抽 5 毫升、料酒 5 毫升、胡椒粉 5 克、白糖 3 克、芝麻油 5 毫升、鸡精 3 克、盐适量

做法

1 土鸡肉加料酒、盐、胡椒粉，用手将土鸡肉两面分别抹匀。

2 放上姜片，腌制约 1 小时。

3 将新鲜花椒和小葱切碎混合在一起，放入碗中待用。

4 蒸锅注水，将土鸡肉放入其中，中火蒸约 35 分钟。

5 揭盖，将蒸熟的土鸡肉取出待用。

6 热锅注水，倒入之前做好的鲜花椒末和小葱末，放入生抽、白糖、芝麻油、鸡精、盐，拌匀，制作成椒麻汁。

7 将冷却好的土鸡肉切成片，摆放在盘中待用。

8 将椒麻汁浇在土鸡肉上，撒上红椒丁即可。

蒸土香碗

🌾**材料**：猪肉末 200 克、鸡蛋 3 个、农家酥肉 50 克、大葱段 30 克、姜片适量、蒜泥适量

🍶**调料**：盐 4 克、鸡粉 3 克、食用油适量、花椒粉适量

🍴**做法**

1 鸡蛋打好，搅散。
2 往猪肉末中加入蒜泥、盐、鸡粉、花椒粉，拌匀，待用。
3 热锅注油，倒入蛋液，煎成蛋皮。
4 取出煎好的蛋皮，摊开待冷却。
5 将猪肉末倒入蛋皮中，卷成卷。
6 蒸锅注水，放入蛋皮卷，中火蒸 15~20 分钟。
7 揭盖，将食材取出后切厚块，香碗做成。
8 锅中加适量的清水、姜片、大葱段，放香碗块煮 5 分钟。
9 将食材盛入碗中，放上农家酥肉即可。

 芋头蒸排骨

🌾**材料**：芋头 130 克、排骨 180 克、水发香菇 15 克

🍶**调料**：盐 3 克、味精少许、葱末少许、姜末少许、白糖少许、料酒少许、食用油适量、豆豉油少许

🍴**做法**

1 将已去皮洗净的芋头切成菱形块。
2 把洗好的排骨斩成段，盛入碗中。
3 加盐、味精、白糖、料酒、姜末、葱末。
4 拌匀，腌制 10 分钟。
5 锅中倒油烧热，放入芋头，小火炸约 2 分钟至熟。
6 捞出芋头，盛入盘中。
7 将腌好的排骨放入装有芋头的盘中。
8 水发香菇置于排骨上。
9 放入蒸锅。
10 加盖，中火蒸约 15 分钟至排骨酥软。
11 取出，淋上豆豉油即可。

香菇芹菜牛肉丸

材料：香菇 30 克、牛肉末 200 克、芹菜 20 克、蛋黄 20 克、姜末少许、葱末少许

调料：盐 3 克、鸡粉 2 克、生抽 6 毫升、水淀粉 4 毫升

做法

1 洗净的香菇切成条，再切成丁，洗好的芹菜切成碎末。

2 取一个碗，放入牛肉末、芹菜末，再倒入香菇、姜末、葱末、蛋黄，加入盐、鸡粉、生抽、水淀粉，搅匀，制成馅料，用手将馅料捏成丸子，放入盘中，备用。

3 蒸锅上火烧开，放入备好的牛肉丸，盖上锅盖，用大火蒸 30 分钟至熟，关火后揭开锅盖，取出蒸好的牛肉丸即可。

 ## 竹筒粉蒸肉

材料：五花肉 400 克、粉蒸肉粉 200 克、辣椒粉 30 克、葱花适量

调料：南乳汁 5 克、料酒 5 毫升、老抽 3 毫升、生抽 5 毫升、盐 2 克、鸡粉 3 克

做法

1 五花肉洗净，切成略厚的肉片。

2 将五花肉倒入碗中，加入南乳汁、料酒、老抽、生抽、盐、鸡粉拌匀，再放入辣椒粉拌匀。

3 倒入粉蒸肉粉继续拌匀，将肉放入竹筒中待用。

4 蒸锅注水，放入五花肉，加盖，大火蒸 20 分钟。

5 揭盖，将五花肉取出，撒上葱花即可。

小米排骨

🥬**材料**：排骨段 400 克、水发小米 90 克、枸杞子适量、葱花适量、姜片适量、蒜末适量

🥄**调料**：盐 3 克、鸡粉 3 克、生抽 5 毫升、料酒 5 毫升、生粉 5 克、芝麻油 5 毫升

🍴**做法**

1 将洗净的排骨段盛入碗中，放入备好的姜片、蒜末。
2 加入盐、鸡粉，淋入生抽、料酒，拌匀至入味。
3 把沥干水的小米倒入碗中，与排骨段充分拌匀。
4 撒上生粉，搅拌匀。
5 淋入芝麻油，拌匀，腌制一会儿。
6 取一个干净的盘子，倒入腌制好的排骨，叠放整齐，待用。
7 蒸锅上火烧开，放入码好排骨的盘子，撒上枸杞子。
8 盖上锅盖，用中火蒸 20 分钟至食材熟透。
9 揭下锅盖，取出蒸好的排骨。
10 趁热撒上葱花即可。

小厨烧白

🥬**材料**：五花肉 350 克、芽菜 100 克、西蓝花 100 克、葱花适量、糖色 10 毫升、八角 3 颗、花椒 10 粒、干辣椒适量、姜片适量

🥄**调料**：老抽 5 毫升、料酒 10 毫升、盐 4 克、鸡粉适量、白糖 3 克、食用油适量

🍴**做法**

1 锅中注入适量清水，放入五花肉，加盖煮熟。西蓝花煮至断生。
2 取出煮熟的五花肉，在肉皮上抹上糖色。
3 锅中热油，放入五花肉，略炸，至肉皮呈暗红色捞出。
4 将五花肉切片。
5 五花肉盛入碗内，淋入老抽、料酒，加盐、鸡粉拌匀。
6 肉皮朝下，将肉片叠入碗内，放入八角、花椒、干辣椒、姜片。
7 起油锅，倒入姜片煸香，倒入芽菜拌匀，加干辣椒炒出辣味，撒入少许葱花炒香，加鸡粉、白糖调味。
8 芽菜炒熟，放在肉片上压实。
9 蒸锅注水，放上食材，加盖，中火蒸 40 分钟至熟软。
10 揭盖，将食材扣到盘中，用西蓝花点缀，再撒上葱花即可。

枣泥肝羹

材料：番茄 55 克、大枣 25 克、猪肝 120 克

调料：盐 2 克、食用油适量

做法

1 锅中注水烧开，放入番茄烫一会儿。
2 捞出番茄，放凉待用。
3 将放凉的番茄剥去表皮，切小瓣，改切成小块。
4 大枣切开，去核，切条形，剁碎。
5 处理好的猪肝切条形，改切成小块。
6 取榨汁机，选择"绞肉"刀座组合。
7 倒入切好的猪肝，盖上盖。
8 选择"绞肉"功能，搅打成泥。
9 断电后取出猪肝泥，盛入蒸碗中。
10 倒入番茄、大枣，加入盐、食用油。
11 搅拌均匀，腌制 10 分钟至其入味，备用。
12 蒸锅上火烧开，放入蒸碗。
13 盖上锅盖，用中火蒸约 15 分钟至熟。
14 揭开锅盖，取出蒸好的枣泥肝羹。

 # 脆皮粉蒸肉

材料：五花肉 100 克、鸡蛋 1 个、蒸肉米粉 50 克、面包糠适量

调料：盐 3 克、鸡粉 3 克、胡椒粉 3 克、食用油适量

做法

1 五花肉切片，鸡蛋打散待用。
2 将五花肉去皮切薄片，放入鸡蛋液、盐、鸡粉、胡椒粉、蒸肉米粉搅拌均匀，腌制 15 分钟入味。
3 将腌制好的肉放入蒸笼，蒸 30 分钟后取出。
4 将蒸好的肉放凉，用糯米纸包好，沾上适量蛋液。
5 然后裹面包糠待用。
6 热锅注油烧至七成热，倒入食材油炸至金黄色。
7 捞出食材摆放在盘中即可。

碗碗香

🌿**材料**：猪肉末 150 克、海苔适量、香菇 60 克

🍲**调料**：盐 3 克、鸡粉 3 克、生抽 5 毫升

🍴**做法**
1 香菇切末。
2 往猪肉末中倒入香菇末，加入盐、鸡粉、生抽拌匀入味。
3 将海苔摊开，放上猪肉末，卷成卷。
4 蒸锅注水烧开，放入肉卷，加盖，中火蒸 10 分钟。
5 揭盖，让蒸好的食材稍微冷却。
6 用刀切成若干段摆放在盘中即可。

 九品香碗

🌿**材料**：猪肉末 200 克、鸡蛋 3 个、大葱段 30 克、姜片适量、姜泥适量、葱花适量

🍲**调料**：盐 4 克、鸡粉 3 克、食用油适量、花椒粉适量

🍴**做法**
1 鸡蛋打散搅匀。
2 往猪肉末中加入姜泥、盐、鸡粉、花椒粉，拌匀，待用。
3 热锅注油，倒入蛋液，煎成蛋皮。煎好后取出摊开冷却。
4 将猪肉末倒入蛋皮中，卷成卷。
5 蒸锅注水，放入蛋皮卷，中火蒸 15~20 分钟。
6 揭盖，将食材取出后切块，香碗做成。
7 锅中加适量的清水、姜片、大葱段，放香碗块煮 5 分钟。
8 将煮好的香碗块切片，装入盘中，撒上葱花即可。

PART 3

禽蛋·豆类——
意想不到的
柔软滑嫩

生蚝蒸蛋

🍴 **做法**

1 将鸡蛋打在碗中。
2 加入清水,水和蛋的比例为2 : 1,搅拌均匀,加入盐。
3 蒸锅注水烧开,放入食材,中火蒸煮10分钟。
4 揭盖,往蛋中放入生蚝。加盖蒸煮5分钟。
5 揭盖,取出食材,撒入葱花即可。

🌱 **材料**:鸡蛋2个、生蚝50克、葱花适量
🥄 **调料**:盐2克

 梅菜蒸蛋

🍴 **做法**

1 水发梅菜切碎末。
2 鸡蛋打入碗中,搅散。
3 加入清水、盐,拌匀。
4 往蛋液中倒入梅菜碎、葱花拌匀待用。
5 蒸锅注水烧开,放入蛋液,加盖,中火蒸10分钟。
6 揭盖,将蒸煮好的蛋羹取出即可。

🌱 **材料**:水发梅菜80克、鸡蛋3个、葱花适量
🥄 **调料**:盐2克

姜汁蒸蛋

材料：鸡蛋 2 个、生姜 45 克、葱花少许

调料：盐 2 克、鸡粉少许

做法

1 把去皮洗净的生姜切成块。

2 拍碎，剁成末，装入小碗中。

3 注入适量开水。

4 用筷子搅拌几下，制成姜汁。

5 取一个干净的小碟子，滤出姜汁，备用。

6 将鸡蛋打入碗中，放入盐、鸡粉，再倒入备好的姜汁，搅散，调匀。

7 倒入约 200 毫升热水，搅拌匀，制成蛋液。

8 取一个干净的汤碗，倒入搅拌好的蛋液，静置片刻。

9 蒸锅上火烧开，放入装有蛋液的汤碗。

10 盖上锅盖，用小火蒸 10 分钟至蛋液熟透。

11 揭下锅盖，取出蒸好的蛋液，趁热撒上葱花点缀即可。

 鹅肝蒸蛋

材料：鱼子 2 克、鸡蛋 1 个、鹅肝 10 克

调料：盐适量、胡椒粉适量、橄榄油适量

做法

1 取鸡蛋一个，在鸡蛋顶部凿个小洞，倒出蛋液。蛋壳不要扔，可用剪刀将刚凿的小洞剪得稍微大些。

2 倒出的蛋液打匀，加入盐、胡椒粉调匀。

3 鹅肝切成粒。

4 热锅注橄榄油，将鹅肝煎香。

5 将拌好的蛋液与鹅肝粒倒回蛋壳中待用。

6 蒸锅注水，蛋液蒸 10 分钟。

7 揭盖，将蒸好的蛋取出，放上鱼子即可。

法国鹅肝黑松露蒸蛋

材料：鸡蛋 2 个、水发黑松露 20 克

调料：盐 2 克

做法

1 将水发黑松露洗净备用。
2 加入鸡蛋，打匀鸡蛋液。
3 加入盐调味。
4 加入适量的水，注意鸡蛋和水的比例为 1∶2。
5 用筛网过滤蛋液，使蒸蛋表面更平整、口感更好。
6 蛋液中放黑松露，盖上保鲜膜，扎出气孔。
7 蒸锅注水，将蛋液放入其中，蒸15 分钟。
8 揭盖，将蒸蛋取出即可。

芙蓉虾蒸蛋

材料：鸡蛋 2 个、鲜虾仁 80 克、豌豆 50克、玉米 30 克、朝天椒 2 个

调料：盐适量、鸡粉 2 克、食用油适量

做法

1 虾去虾线。
2 朝天椒切圈。
3 鸡蛋打在碗中。
4 加入清水，水和蛋的比例 2∶1，搅拌均匀，加入盐，放上虾。
5 蒸锅注水烧开，放入食材，中火蒸煮 10 分钟。
6 热锅注水烧开，将豌豆、玉米煮至断生。
7 捞出断生的食材待用。
8 热锅注油，倒入朝天椒、玉米、豌豆炒匀。
9 加入盐、鸡粉炒匀入味。
10 将炒好的食材盖在鸡蛋羹上即可。

蛤蜊蒸蛋

材料：鸡蛋2个、蛤蜊300克、葱花适量

调料：盐2克

做法

1 鸡蛋打入碗中，加入盐，打散，调匀。

2 倒入少许清水，继续搅拌片刻，水和鸡蛋的比例为1:2。

3 把蛋液倒入装有蛤蜊的碗中，放入烧开的蒸锅中。

4 盖上盖，用小火蒸10分钟，开盖待稍微冷却。

5 盖上盖，用小火再蒸2分钟。

6 揭盖，取出食材，撒上葱花即可。

竹燕窝蒸水蛋

材料：竹燕窝50克、鸡蛋2个

调料：盐2克、鸡粉2克

做法

1 将竹燕窝放入碗内，加入纯净水泡发。

2 鸡蛋打入碗中，撒上盐、鸡粉搅散。

3 蒸锅注水，放入竹燕窝，中火蒸20~30分钟。

4 揭盖，取出蒸好的竹燕窝待用。

5 接着蒸水蛋，加盖，中火蒸8~10分钟即可。

6 揭盖，取出蒸好的水蛋，放上竹燕窝即可。

鲜鲍水蛋蒸

材料： 熟肉末适量、鲍鱼 1 个、鸡蛋 2 个

做法

1 鲍鱼去掉内脏，用清水冲洗干净。
2 鸡蛋打在碗中。
3 加入清水，水和蛋的比例为 2：1，搅拌均匀。
4 蒸锅注入水烧开，放入搅拌好的蛋液。
5 盖上锅盖，蒸 7 分钟，至蛋液凝固。
6 码上洗好的鲍鱼，继续蒸 3 分钟。
7 撒上准备好的熟肉末即可。

 蒸鸡蛋羹

材料： 鸡蛋 2 个、胡萝卜丁 30 克、葱花适量

调料： 盐 2 克

做法

1 将鸡蛋打在碗中。
2 加入清水，水和蛋的比例为 2：1，搅拌均匀，加入盐，倒入胡萝卜丁和葱花，拌匀。
3 蒸锅注水烧开，放入食材，中火蒸 10 分钟。
4 揭盖，取出食材即可。

葱花肉碎蒸水蛋

做法

1 鸡蛋打在碗中。
2 加入清水,水和蛋的比例为2∶1,搅拌均匀。
3 加入备好的肉末,放入盐、鸡粉、胡椒粉拌匀。
4 蒸锅注水烧开,放入搅拌好的蛋液。
5 盖上锅盖,蒸7分钟,至蛋液凝固。
6 揭盖,撒上葱花即可。

🌱**材料:**肉末50克、葱花适量、鸡蛋3个

🥄**调料:**盐2克、鸡粉2克、胡椒粉1克

 ## 白果蒸蛋羹

做法

1 鸡蛋打入装水的碗中,打散搅匀,倒入盐、熟白果,搅拌均匀。
2 拌好的蛋液盛入碗中,封上保鲜膜。
3 盖上锅盖,蒸10分钟取出即可。

🌱**材料:**鸡蛋100克、熟白果25克、水100毫升

🥄**调料:**盐2克

银耳核桃蒸鹌鹑蛋

 做法

1 水发银耳切去根部，切成小朵，核桃用刀背拍碎。
2 蒸盘，摆入银耳、核桃碎，再放入熟鹌鹑蛋、冰糖，待用。
3 电蒸锅注水烧开，放入食材，盖上锅盖，定时蒸 20 分钟取出即可。

材料： 水发银耳 150 克、核桃 25 克、熟鹌鹑蛋 10 个

调料： 冰糖 20 克

核桃蒸蛋羹

做法

1 玻璃碗中倒入温水，放入红糖，搅拌至溶化。
2 空碗中打入鸡蛋，打散至起泡，往蛋液中加入黄酒，拌匀，倒入红糖水，拌匀，待用。
3 蒸锅中注水烧开，揭盖，放入处理好的蛋液，盖上盖，用中火蒸 8 分钟，揭盖，取出蒸好的蛋羹，撒上核桃末即可。

材料： 鸡蛋 2 个、核桃末适量

调料： 红糖 15 克、黄酒 5 毫升

鲜橙蒸水蛋

🌱**材料**：橙子 180 克、蛋液 90 克

🍯**调料**：白糖 2 克

🍴**做法**

1 洗净的橙子在其三分之一处切开。
2 用刀挖出果肉，制成橙盅和盅盖。
3 橙子果肉切块，改切碎末。
4 取一碗，倒入蛋液，放入切好的橙子肉，加入白糖。
5 用筷子搅拌均匀，注入适量清水，拌匀待用。
6 取橙盅，倒入拌好的蛋液，至七八分满。
7 盖上盅盖，待用。
8 蒸锅注水烧开，放入橙盅，中火蒸 18 分钟后取出即可。

 # 鳕鱼蒸鸡蛋

🌱**材料**：鳕鱼 100 克、鸡蛋 2 个、南瓜 150 克

🍯**调料**：盐 1 克

🍴**做法**

1 将洗净的南瓜切成片，鸡蛋打入碗中，打散调匀。
2 烧开蒸锅，放入南瓜、鳕鱼，盖上盖，用中火蒸 15 分钟至熟。
3 把蒸熟的南瓜、鳕鱼取出，用刀把鳕鱼压烂，剁成泥状；把南瓜压烂，剁成泥状；在蛋液中加入南瓜、部分鳕鱼，放入盐，搅拌匀。
4 将拌好的材料盛入另一个碗中，放在烧开的蒸锅内，盖上盖，用小火蒸 8 分钟，取出，再放上剩余的鳕鱼肉即可。

三色蒸水蛋

🍴做法

1 咸鸭蛋和皮蛋切成小瓣待用。

2 鸡蛋打在碗中。

3 加入清水，水和蛋的比例为2：1，搅拌均匀，加入盐。

4 蒸锅注水烧开，放入食材，中火蒸10分钟。

5 揭盖，将食材取出待用。

6 咸鸭蛋、皮蛋摆放在鸡蛋羹上，撒上葱花，用香菜点缀即可。

🌱**材料**：咸鸭蛋1个、皮蛋1个、鸡蛋2个、葱花适量、香菜适量

🥄**调料**：盐2克

 ## 干贝香菇蒸豆腐

🍴做法

1 冬菇去柄，切粗条；洗净去皮的胡萝卜切片，再切丝，改切成粒；洗净的豆腐切成块待用；取一个盘子，摆上豆腐块。

2 热锅注油烧热，倒入冬菇、胡萝卜，翻炒匀，倒入干贝，注入少许清水，淋入生抽、料酒，加入盐、鸡粉，炒匀调味，大火收汁，关火，将炒好的材料盛出放在豆腐上。

3 蒸锅上火烧开，放入豆腐，盖上锅盖，大火蒸8分钟后将豆腐取出，撒上葱花即可。

🌱**材料**：豆腐250克、水发冬菇100克、干贝40克、胡萝卜80克、葱花少许

🥄**调料**：盐2克、鸡粉2克、生抽4毫升、料酒5毫升、食用油适量

牛奶蒸鸡蛋

材料：鸡蛋 2 个、牛奶 250 毫升、提子适量、哈密瓜肉适量、白糖少许

做法

1 把鸡蛋打入碗中，打散调匀；将洗净的提子对半切开；用挖勺将哈密瓜肉挖成小球状；将处理好的水果盛入盘中，待用。

2 把白糖倒入牛奶中，搅匀，将搅匀的牛奶加入蛋液中，搅拌均匀。

3 取出电饭锅，倒入适量清水，放上蒸笼，放入调好的牛奶蛋液，盖上盖子，定时蒸 20 分钟，把蒸好的牛奶鸡蛋取出，放上切好的提子和挖好的哈密瓜球即可。

 清蒸豆腐丸子

材料：豆腐 180 克、鸡蛋 1 个、面粉 30 克、葱花少许

调料：盐 2 克、食用油少许

做法

1 将鸡蛋打入小碗中。

2 取出蛋黄，放在小碟子中，待用。

3 把洗净的豆腐盛入大碗中。

4 用打蛋器搅碎，倒入备好的蛋黄，搅散，拌匀。

5 调入盐，撒上葱花。

6 搅拌至盐溶化。

7 倒入适量面粉，搅成糊状。

8 拌匀至起劲，制成面糊。

9 取一个干净的盘子，抹上食用油。

10 将面糊制成大小适中的丸子，盛入盘中，摆好。

11 蒸锅上火烧开，放入装有丸子的蒸盘。

12 盖上盖子，用大火蒸约 5 分钟至食材熟透。

13 关火后揭开盖，取出蒸好的豆腐丸子即可。

青菜蒸豆腐

🥗**材料**：豆腐100克、上海青60克、熟鸡蛋1个

🍶**调料**：盐2克、水淀粉4毫升

🍴做法

1 锅中注入适量清水烧开。

2 放入洗净的上海青，拌匀，焯约半分钟。

3 待其断生后捞出，沥干水分，放在盘中，放凉。

4 将放凉后的上海青切碎，剁成末。

5 洗净的豆腐压碎，剁成泥。

6 熟鸡蛋取出蛋黄，切成碎末。

7 取一个干净的碗，倒入豆腐泥。

8 放入切好的上海青，搅拌匀。

9 加入盐，拌至盐溶化。

10 淋入水淀粉，拌匀上浆。

11 将拌好的食材盛入另一个大碗中，抹平。

12 均匀地撒上蛋黄末，做成蛋黄豆腐泥。

13 蒸锅上火烧沸，放入装有蛋黄豆腐泥的大碗。

14 盖上盖子，用中火蒸约8分钟。

鸡蛋蒸糕

🥗**材料**：鸡蛋2个、菠菜30克、洋葱35克、胡萝卜40克

🍶**调料**：盐2克、鸡粉少许、食用油少许

🍴做法

1 胡萝卜切成薄片；洋葱剁成末。

2 锅中注入适量清水，用大火烧开，放入胡萝卜片，煮约半分钟至其断生，捞出，沥干水分，放凉备用。

3 沸水锅中再倒入洗净的菠菜，煮约半分钟，待其色泽翠绿后捞出，沥干水分，放凉备用，将放凉的菠菜和胡萝卜片剁成末。

4 鸡蛋打入碗中，加入盐、鸡粉，倒入胡萝卜末、菠菜末，再撒上洋葱末，注入少许清水搅拌匀，制成蛋液，注入食用油，静置片刻，另取一个汤碗，倒入备好的蛋液。

5 蒸锅上火烧开，放入装有蛋液的汤碗，小火蒸约12分钟至全部食材熟透，关火后取出即可。

三文鱼豆腐汤

材料：三文鱼 100 克、豆腐 240 克、莴笋叶 100 克、姜片少许、葱花少许

调料：盐适量、鸡粉适量、水淀粉 3 毫升、胡椒粉适量、食用油适量

做法

1 洗净的莴笋叶切段；洗好的豆腐切条，再切成小方块；处理好的三文鱼切片。

2 把鱼片装入碗中，加入盐、鸡粉、水淀粉，拌匀。

3 倒入适量食用油，腌制 10 分钟，至其入味。

4 锅中注入适量清水烧开，倒入适量食用油，加入盐、鸡粉，倒入豆腐块，搅匀。

5 盖上盖，煮至水沸后揭盖，放入胡椒粉、姜片。

6 倒入莴笋叶，放入腌好的三文鱼，搅匀，煮至熟。

7 继续搅拌一会儿，使食材入味。

8 关火后将煮好的汤盛出，盛入碗中，撒上葱花即可。

 ## 蟹黄蒸蛋

材料：鸡蛋 2 个、蟹黄 50 克、葱花适量

调料：盐 2 克

做法

1 将鸡蛋打在碗中。

2 加入清水，水和蛋的比例为 2：1，搅拌均匀，加入盐。

3 蒸锅注水烧开，放入食材，中火蒸煮 10 分钟。

4 揭盖，往蛋中撒上蟹黄，加盖蒸煮 5 分钟。

5 揭盖，取出食材，撒上葱花即可。

PART 4

鱼虾·蟹贝——
江河湖海有鲜味

清香蒸鲤鱼

材料：鲤鱼 500 克、姜片 10 克、葱丝 10 克

调料：盐适量、胡椒粉适量、蒸鱼豉油 8 毫升、食用油适量

做法

1 处理干净的鲤鱼切下头尾，在鲤鱼上均匀地抹盐，再抹上胡椒粉，将鱼头竖立在盘子一端，摆好鱼身和鱼尾，并均匀放上姜片。

2 锅内注水烧开，放入鲤鱼，蒸 10 分钟至熟，揭盖，取出蒸好的鲤鱼，取走姜片，将蒸出的汤水倒掉，放上葱丝。

3 锅置火上，倒入食用油，烧至八成热，将热油浇在鲤鱼上，淋上蒸鱼豉油即可。

姜丝武昌鱼

材料：武昌鱼 1 条、姜片少许、葱条少许、葱丝适量、姜丝适量、红椒丝适量

调料：料酒 5 毫升、蒸鱼豉油适量、食用油少许

做法

1 将处理干净的武昌鱼放入盘中，放上少许姜片、葱条。

2 淋入料酒，腌制片刻，除去腥味。

3 将武昌鱼放入蒸锅，盖上盖，蒸约 8 分钟至熟。

4 揭盖，将蒸熟的武昌鱼取出。

5 挑去武昌鱼身上的姜片和葱条。

6 淋入蒸鱼豉油。

7 撒入葱丝、姜丝、红椒丝。

8 最后淋入少许热油即成。

外婆醉鱼干

做法

1 将草鱼切成段。
2 备好一个坛子，放入鱼块，铺上酒糟。
3 将坛子密封 1 个月。
4 将鱼块取出后，放入蒸锅中，蒸煮 20 分钟。
5 将蒸好的鱼块摆放在盘中即可。

材料：草鱼 200 克

调料：酒糟适量

姜汁跳水鱼

做法

1 草鱼去除内脏和鳞片。
2 锅内注水烧开，放入草鱼，撒上姜丝，盖上锅盖，中火蒸 15 分钟。
3 热锅注油，倒入姜丝爆香。
4 注入适量的清水，加入盐、鸡粉、生抽，拌匀调味制成酱汁。
5 揭盖，取出草鱼，淋上酱汁即可。

材料：草鱼 1 条、姜丝适量

调料：盐 3 克、鸡粉 3 克、生抽 5 毫升、食用油适量

鲜鱼奶酪煎饼

🌿**材料**：鲈鱼肉 180 克、土豆 130 克、西蓝花 30 克、奶酪 35 克

🍴**做法**

1 将去皮洗净的土豆切厚片，改切成小块。
2 锅中注入适量清水烧开。
3 放入洗净的西蓝花，煮 1 分钟至其断生，捞出，沥干水分，放凉备用。
4 蒸锅上火烧开，分别放入装有土豆和鲈鱼肉的蒸盘。盖上锅盖，用中火蒸约 15 分钟至食材熟软。取出食材，放凉备用。
5 将放凉的西蓝花切小朵，再剁成末，加入奶酪，制成奶酪西蓝花泥。
6 将放凉的鱼肉去除鱼皮，鱼肉压碎，切成末。
7 放凉的土豆用刀压成泥状，待用。
8 把土豆泥盛入大碗中，和鱼肉泥搅拌均匀。

干贝苦瓜汤

🌿**材料**：苦瓜 80 克、干贝 30 克
🥄**调料**：盐 2 克、芝麻油适量、黑胡椒适量

🍴**做法**

1 洗净的苦瓜对半切开，去子，切成条，再切丁。
2 取一个杯子，放入苦瓜、干贝，注入适量清水，放入盐，搅拌匀，再用食品保鲜膜盖住杯口，电蒸锅注水烧开，放入杯子，盖上锅盖，定时蒸 15 分钟。
3 待时间到揭开盖，将杯子取出，揭开食品保鲜膜，放入芝麻油、黑胡椒，搅拌调味即可。

韭黄鲜虾肠粉

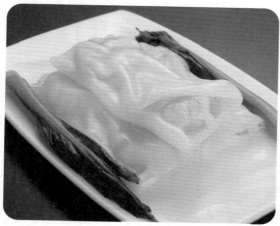

🍴做法

1 鲜虾去虾线。
2 韭黄切碎。
3 热锅注油，倒入鲜虾炒至转色。
4 倒入韭黄炒匀，加入盐、鸡粉炒匀入味。
5 将炒好的食材盛入碗中。
6 摆上肠粉皮，铺开，放入鲜虾、韭黄，卷成卷。
7 蒸锅中注入水烧开，放上肠粉卷。
8 加盖，用大火蒸10分钟至肠粉熟透。
9 揭盖，将肠粉取出即可。

🌿**材料**：鲜虾100克、韭黄80克、肠粉皮100克

🥄**调料**：盐3克、鸡粉3克、食用油适量

青椒蒸鳜鱼

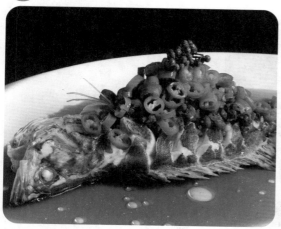

🍴做法

1 将处理好的鳜鱼放入垫有葱条的盘中，抹上少许盐腌制片刻。
2 青椒切成圈。
3 鳜鱼里塞入姜片。
4 蒸锅注水，放上鳜鱼，加盖，大火蒸8分钟至熟。
5 揭盖，取出鳜鱼待用。
6 热锅注油，倒入适量清水，加入蒸鱼豉油搅匀，烧开。
7 倒入青椒、青花椒炒匀。加入盐、鸡粉炒匀。
8 放入水淀粉收汁。
9 将炒好的食材盖在鳜鱼上即可。

🌿**材料**：鳜鱼600克、青椒30克、青花椒5克、葱条若干

🥄**调料**：盐适量、鸡粉2克、水淀粉适量、蒸鱼豉油5毫升、食用油适量

苦瓜花甲汤

材料： 花甲 250 克、苦瓜片 300 克、姜片少许、葱段少许

调料： 盐 2 克、鸡粉 2 克、胡椒粉 2 克、食用油少许

做法

1 锅中注入食用油，放入姜片、葱段，爆香，倒入洗净的花甲，翻炒均匀，向锅中加入适量清水搅拌匀，煮约 2 分钟至沸腾。

2 倒入苦瓜片，煮约 3 分钟，加入鸡粉、盐、胡椒粉，拌匀调味。

3 盛出煮好的汤，盛入碗中即可。

 土豆丝蒸花鲢

材料： 花鲢 1 条、土豆 40 克、青椒 30 克、红椒 10 克、芹菜 10 克、姜片适量、蒜片适量

调料： 盐 2 克、鸡粉 2 克、生抽 5 毫升、食用油适量

做法

1 去皮土豆切丝。

2 青椒切圈，红椒切丁。

3 芹菜切小段。

4 蒸锅注水，放入花鲢，中火蒸 15 分钟。

5 揭盖，将食材取出待用。

6 热锅注油，倒入姜片、蒜片爆香。

7 倒入芹菜段、土豆丝、青椒圈、红椒丁炒匀。

8 加入盐、鸡粉、生抽，炒匀。

9 注入适量清水，大火收汁。

10 关火，将做好的酱汁盛出，浇在花鲢上即可。

腊肉黄鳝钵

🌱材料：黄鳝 200 克、腊肉 100 克、青椒 5 克、红椒 5 克、蒜苗若干、姜适量

🍯调料：盐 3 克、鸡粉 3 克、蚝油 5 克、红油 5 毫升、食用油适量、料酒适量

👬做法

1 黄鳝从腹部剖开，扯出内脏，洗净血污，去掉头尾，再剁成 3 厘米长的段。
2 腊肉蒸熟，取出冷却后，切成片。
3 腊肉放入锅内焯水，去除过多盐分，再沥干水待用。
4 青椒、红椒切段，姜切片，蒜苗切段。
5 净锅置旺火上，倒入食用油，烧至六成热时，下入黄鳝炸至五成熟，迅速捞出待用。
6 锅内留油，烧热后倒入腊肉煸香。
7 放入黄鳝、姜片、蒜苗翻炒。
8 倒入料酒略炒，用旺火烧开后，加入盐、鸡粉、蚝油、青椒、红椒翻炒。
9 转用小火煨至鳝鱼熟透，加入红油。
10 出锅后盛入钵内即可。

 ## 清蒸鲈鱼

🌱材料：鲈鱼 1 条、姜片若干、葱丝若干、红椒丝若干、姜丝若干

🍯调料：蒸鱼豉油 10 毫升、食用油适量

👬做法

1 将处理干净的鲈鱼背部切开。
2 切好的鲈鱼放入盘中，放上姜片。
3 蒸锅注水，放入鲈鱼，加盖，大火蒸 7 分钟至熟。
4 揭盖，取出鲈鱼，撒上姜丝、葱丝、红椒丝。
5 热锅注油，烧至七成热。
6 将热油浇在鲈鱼上。
7 热锅中加入蒸鱼豉油，烧开后，浇在鲈鱼周围即可。

藿香大鲫鱼

🍴 **做法**

1 锅中注入适量清水烧开。
2 加入生抽、料酒、鸡粉、盐。
3 撒入姜片，放入洗净的藿香、砂仁，搅拌均匀，煮至水沸。
4 将煮好的汤盛出，倒入盘子中，再放入处理好的鲫鱼。
5 将盘子放入烧开的蒸锅中，中火蒸10分钟。
6 揭开盖，将蒸好的鲫鱼取出，撒上葱花即可。

🌿 **材料：** 藿香20克、砂仁10克、鲫鱼1条、葱花适量、姜片适量

🥄 **调料：** 生抽5毫升、料酒5毫升、鸡粉3克、盐3克

滋味多宝鱼

🍴 **做法**

1 将洗好的红椒、青椒切圈。
2 处理干净的多宝鱼盛入盘中，放入姜片，撒上盐，腌制一会儿。
3 蒸锅上火烧开，放入装有多宝鱼的盘子。
4 盖上盖，用大火蒸约10分钟，至鱼肉熟透。
5 关火后揭开盖，取出蒸好的多宝鱼。
6 趁热撒上姜丝、葱丝，放上红椒圈、青椒圈。
7 用油起锅，注入少许清水，倒入蒸鱼豉油，加入鸡粉。
8 淋入芝麻油，拌匀，用中火煮片刻，制成料汁。
9 关火后盛出料汁，浇在蒸好的鱼肉上即可。

🌿 **材料：** 红椒40克、青椒40克、多宝鱼1条、姜片适量、姜丝适量、葱丝适量

🥄 **调料：** 蒸鱼豉油10毫升、盐3克、鸡粉3克、芝麻油5毫升、食用油适量

蒜茸粉丝蒸扇贝

做法

1 水发粉丝切成段。
2 红椒去柄，横刀切开，去子，改切成末。
3 扇贝洗净，用刀撬开，去掉脏污，取出扇贝肉。
4 扇贝肉撒盐，拌匀，腌制片刻。
5 将腌制好的扇贝肉用水冲洗片刻，去除泡沫。
6 将洗净的扇贝壳摆放在备好的盘中，往每一个贝壳里面放上粉丝、扇贝肉。
7 热锅注油，倒入姜末、蒜末爆香。
8 倒入红椒末，炒匀，制成酱料。
9 将酱料盖在每一个扇贝里。
10 电蒸锅注水烧开，放上粉丝扇贝，加盖，蒸 5 分钟。
11 淋上蒸鱼豉油，撒上葱花即可。

材料：水发粉丝 100 克、扇贝 200 克、姜末适量、蒜末适量、葱花适量、红椒适量

调料：盐 2 克、蒸鱼豉油 10 毫升、食用油适量

青元粉蒸肉

做法

1 五花肉洗净，然后切成大片。
2 往五花肉中加入花椒粉、辣椒粉、五香粉、生抽、老抽、料酒、姜泥、蒜泥、豆瓣酱，抓匀，腌制 1 小时。
3 腌好的五花肉投入蒸肉粉，抓匀。
4 取一只大碗，将裹好蒸肉粉的肉片一片片码入碗底，洗干净的青豌豆铺在上面，压实。
5 蒸锅注水烧开，放入食材大火转中小火蒸 1 小时。
6 揭盖，将食材取出，撒上葱花即可。

材料：五花肉 500 克、青豌豆 100 克、蒸肉粉 100 克、姜泥适量、蒜泥适量、葱花少许

调料：花椒粉 5 克、辣椒粉 5 克、五香粉 5 克、生抽 10 毫升、老抽 5 毫升、料酒 10 毫升、豆瓣酱 10 克

清蒸草鱼段

🍃**材料**：草鱼段 370 克、姜丝少许、葱丝少许、彩椒丝少许

🍶**调料**：蒸鱼豉油少许

🍴**做法**

1 洗净的草鱼段背部切一刀，放在蒸盘中，待用。

2 蒸锅上火烧开，放入蒸盘，再盖上盖，用中火蒸约 15 分钟，至食材熟透。

3 揭开盖，取出蒸盘，撒上姜丝、葱丝、彩椒丝，淋上蒸鱼豉油即可。

 清蒸开屏鲈鱼

🍃**材料**：鲈鱼 500 克、姜丝少许、葱丝少许、彩椒丝少许

🍶**调料**：盐 2 克、鸡粉 2 克、胡椒粉少许、蒸鱼豉油少许、料酒 8 毫升、食用油适量

🍴**做法**

1 将处理好的鲈鱼切去背鳍，再切下鱼头，鱼背部切一字刀，切成相连的块状，把鲈鱼盛入碗中，放入盐、鸡粉、胡椒粉，淋入料酒，抓匀，腌制 10 分钟，把腌制好的鲈鱼放入盘中，摆放成孔雀开屏的造型。

2 放入烧开的蒸锅中，盖上盖，用大火蒸 7 分钟。

3 揭开盖，把蒸好的鲈鱼取出。

4 撒上姜丝、葱丝，再放上彩椒丝，浇上少许热油，最后加入蒸鱼豉油即可。

蛋黄鱼片

🌿**材料**：草鱼 300 克、鸡蛋 3 个、葱花少许

🥘**调料**：盐适量、鸡粉适量、水淀粉适量、胡椒粉适量、味精适量、食用油适量

🍴🍴**做法**

1 将处理好的草鱼切片，加盐、味精拌匀。
2 加入水淀粉拌匀，再加食用油拌匀，腌制 10 分钟。
3 鸡蛋打入碗内，去蛋清，蛋黄加盐、鸡粉，再倒入少许温水拌匀。
4 撒入胡椒粉，淋入热油拌匀。
5 将蛋液盛入盘中。
6 将蛋液放入蒸锅，加盖，慢火蒸 5 分钟。
7 揭盖，将鱼片铺在蛋羹上，加盖，蒸 1 分钟。
8 取出蒸好的蛋黄鱼片，撒上葱花，浇上热油即成。

 滋味脆肉鲩

🌿**材料**：朝天椒 20 克、脆肉鲩 200 克、葱花适量、香菜末适量

🥘**调料**：蒸鱼豉油 10 毫升、食用油适量

🍴🍴**做法**

1 朝天椒切圈。
2 备好盘，摆放上脆肉鲩。
3 蒸锅注水烧开，放入食材。
4 加盖，中火蒸 10 分钟至熟。
5 揭盖，关火后取出蒸好的脆肉鲩。
6 撒上葱花、香菜末，浇上蒸鱼豉油。
7 热锅注油烧至七成热，浇在食材上即可。

PART 5

肉汤

鸡肉番茄汤

材料：鸡肉 200 克、番茄 70 克、姜片 10 克、葱花 5 克

调料：盐 3 克

做法

1 洗净的鸡肉切成片，洗净的番茄切块待用。

2 备好电饭锅，放入备好的鸡肉、番茄，再放入姜片、盐，注入适量清水，拌匀，盖上盖，定时煮 30 分钟至食材熟透。待 30 分钟后打开锅盖，倒入备好的葱花，拌匀。

3 将煮好的汤盛入碗中即可。

 # 牛肉南瓜汤

材料：牛肉 120 克、南瓜 95 克、胡萝卜 70 克、洋葱 50 克、牛奶 100 毫升

调料：高汤 800 毫升、黄油少许

做法

1 洗净的洋葱切开，改切成粒状；洗好去皮的胡萝卜切片，再切条，再改成粒。

2 洗净去皮的南瓜切片，再切条，改切成丁。

3 洗好的牛肉去筋，再切片，切条，改切成粒，备用。

4 煎锅置于火上，倒入黄油，加热，至其溶化。

5 倒入牛肉，炒匀至其变色。

6 放入备好的洋葱、南瓜、胡萝卜，炒至变软；加入牛奶，倒入高汤。

7 搅拌均匀，用中火煮约 10 分钟至食材入味。

8 关火后盛出煮好的牛肉南瓜汤即可。

鸡肉包菜汤

做法

1 锅中注入适量清水烧热，放入鸡胸肉，用中火煮约 10 分钟。

2 捞出鸡胸肉，沥干水分，放凉待用；将放凉的鸡肉切片，再切条，改切成粒。

3 洗好的豌豆剁碎；洗净的胡萝卜切薄片，再切条形，改切成粒。

4 洗净的包菜切开，切碎，备用。

5 锅中注入适量清水烧开，倒入高汤，放入鸡肉，拌匀，用大火煮至水沸。

6 倒入豌豆，拌匀，放入胡萝卜、包菜，拌匀，用中火煮。

7 倒入适量水淀粉，搅拌均匀，煮至汤汁浓稠。

材料：鸡胸肉 150 克、包菜 60 克、胡萝卜 75 克、高汤 1000 毫升、豌豆 40 克、水淀粉适量

土茯苓绿豆老鸭汤

做法

1 锅中注水烧开，放入洗净的鸭肉块拌匀，余水 2 分钟，捞出后过冷水，盛盘待用。

2 另起锅，注入适量高汤烧开，加入鸭肉块、绿豆、土茯苓、陈皮，拌匀，盖上锅盖，炖 3 小时至食材熟透，揭开锅盖，加入盐进行调味，搅拌均匀至食材入味。

3 将煮好的汤盛出即可。

材料：绿豆 250 克、土茯苓 20 克、鸭肉块 300 克、陈皮 1 片、高汤适量

调料：盐 2 克

鲜虾丸子清汤

🍴做法

1 菠菜、包菜洗净切碎；洗净的虾仁去虾线，切碎，再剁成泥。

2 虾泥盛入碗中，倒入蛋清，搅拌匀。

3 锅中注入适量的清水，大火烧开。

4 倒入包菜碎、菠菜碎，搅拌片刻后捞出，沥干水分，待用。

5 另起锅，注入适量清水，加入盐，大火烧开。

6 用勺子将虾泥制成丸子，逐一放入开水中。

7 倒入汆过水的食材，搅拌片刻。

8 再次煮开后，撇去汤表面的浮沫，盛入碗中即可。

🌿材料：虾仁50克、蛋清20克、包菜30克、菠菜30克

调料：盐适量

白萝卜肉丝汤

🍴做法

1 洗净去皮的白萝卜切片，改切成丝；洗好的瘦肉切片，再切成丝。

2 将切好的瘦肉丝盛入碗中，加入盐、一部分鸡粉、水淀粉，抓匀。

3 淋入少许食用油，腌制10分钟至入味。

4 用油起锅，放入姜丝，爆香后放入切好的白萝卜丝，翻炒均匀。

5 倒入适量清水，加入盐、剩余的鸡粉，拌匀调味。

6 盖上盖，煮沸后用中火煮2分钟至熟。

7 揭盖，放入肉丝，搅散，煮1分钟至食材熟透。

8 把煮好的汤盛出，盛入碗中，撒入葱花即可。

🌿材料：白萝卜150克、瘦肉90克、姜丝少许、葱花少许

调料：盐适量、鸡粉2克、水淀粉适量、食用油适量

肉丸白菜粉丝汤

🌿**材料**：猪肉末 100 克、鸡蛋液 20 克、粉丝 20 克、上海青 50 克、葱段 12 克

🥣**调料**：盐 2 克、水淀粉 5 毫升、生抽 6 毫升

🍴**做法**

1 洗净的上海青去根部，切小段。
2 洗好的葱段切成条，改切成末。
3 粉丝装碗，加入开水，稍烫片刻。
4 猪肉末装碗，加入葱末、鸡蛋液。
5 放入 1 克盐，将肉末拌匀。
6 倒入水淀粉，拌匀，加入 3 毫升生抽。
7 拌匀，腌制 5 分钟至入味。
8 将腌好的肉末挤成数个丸子，装盘。
9 锅中注入适量清水烧开，放入肉丸子。用大火煮开后转小火，续煮约 5 分钟至熟。
10 放入切好的上海青，加入泡好的粉丝。
11 加入 1 克盐，放入 3 毫升生抽。
12 搅匀调味，关火后盛出即可。

 海带排骨汤

🌿**材料**：排骨 260 克、水发海带 100 克

🥣**调料**：姜片 4 克、盐 3 克、鸡粉 2 克、料酒 5 毫升

🍴**做法**

1 水发海带切小块，沸水锅中倒入洗好的排骨，汆去血水和脏污，捞出沥干水分，装碗。
2 取出电饭锅，打开盖，通电后倒入汆好的排骨，放入切好的海带，加入料酒，放入姜片，加入适量清水至没过食材，搅拌均匀。
3 盖上盖，煮 90 分钟至食材熟软，打开盖，加入盐、鸡粉搅匀调味，断电后将煮好的汤装盘即可。

双仁菠菜猪肝汤

🌱**材料**：猪肝 200 克、柏子仁 10 克、酸枣仁 10 克、菠菜 100 克

🧂**调料**：姜丝少许、盐 2 克、鸡粉 2 克、食用油少许

🍴**做法**

1 把柏子仁、酸枣仁装入食品隔渣袋中，收紧口袋，备用；洗好的菠菜切成段，处理好的猪肝切成片，备用。

2 砂锅中注入适量清水烧热，放入备好的食品隔渣袋，盖上盖，用小火煮 15 分钟，揭开盖，取出食品隔渣袋，放入姜丝，淋入少许食用油，倒入猪肝片拌匀，放入菠菜段，搅拌至水沸，放入盐、鸡粉后再搅拌片刻，至汤汁味道均匀。关火后盛出煮好的汤，盛入碗中即可。

苦瓜黄豆排骨汤

🌱**材料**：苦瓜 200 克、排骨 300 克、水发黄豆 120 克

🧂**调料**：姜片 5 克、盐 2 克、鸡粉 2 克、料酒 20 毫升

🍴**做法**

1 洗好的苦瓜对半切开，去子，切成段，锅中倒入适量清水烧开，淋入一部分料酒，煮至水沸，搅匀，排骨汆水，捞出汆煮好的排骨，沥水待用。

2 砂锅中注入适量清水，放入黄豆，盖上盖煮至沸腾，揭开盖，倒入汆过水的排骨，放入姜片，淋入剩余料酒搅匀提鲜，盖上盖，用小火煮 40 分钟至排骨酥软，揭开盖，放入切好的苦瓜，再盖上盖，用小火煮 15 分钟，揭盖，加入盐、鸡粉，搅拌均匀，再煮 1 分钟，至全部食材入味。

3 关火后盛出煮好的汤，盛入汤碗。

红薯板栗排骨汤

🌿**材料**：红薯 150 克、排骨段 350 克、板栗肉 60 克、姜片少许

🍶**调料**：盐 2 克、鸡粉 2 克、料酒 5 毫升

🍴做法

1 将洗净去皮的红薯对半切开，再切成小块，洗净的板栗肉切块，锅中注入适量清水烧开，放入洗净的排骨段，搅匀汆煮，捞出沥水待用。

2 锅中注入适量清水烧开，倒入汆煮过的排骨，放入切好的板栗肉，撒上姜片，淋入料酒，盖上盖，煮沸后用小火煮约 30 分钟至食材熟软。

3 揭开盖，倒入红薯块搅拌，再盖上盖，用小火续煮约 15 分钟，至全部食材熟透。

4 取下盖子，加入盐、鸡粉，搅匀调味，再煮至食材入味，关火后盛出煮好的排骨即可。

 ## 玉竹苦瓜排骨汤

🌿**材料**：排骨段 300 克、苦瓜 250 克、玉竹 20 克

🍶**调料**：盐适量、鸡粉 2 克、料酒 6 毫升

🍴做法

1 将洗净的苦瓜切开，再切成片；锅中注水烧开，倒入洗净的排骨段，用大火煮沸，汆去血渍后捞出沥水待用。

2 锅中注水烧开，倒入汆煮过的排骨段，放入洗净的玉竹，淋入料酒，搅匀提味，盖上盖，烧开后用小火炖煮约 25 分钟至排骨熟软，揭盖，倒入苦瓜片，搅拌匀，盖好盖，用小火续煮约 10 分钟至食材熟透，揭开盖，加入盐、鸡粉搅匀调味，续煮片刻，至汤汁入味，关火后盛出煮好的排骨汤，盛入汤碗中即可。

山药大枣鸡汤

材料：鸡肉 400 克、山药 230 克、大枣少许、枸杞子少许、姜片少许

调料：盐 3 克、鸡粉 2 克、料酒 4 毫升

做法

1 洗净去皮的山药切开，再切滚刀块，洗好的鸡肉切块，备用。

2 锅中注入适量清水烧开，倒入鸡肉块，搅拌均匀，淋入一部分料酒，用大火煮约 2 分钟，去浮沫，捞出鸡肉，沥干水分，装盘备用。

3 锅中注水烧开，倒入鸡肉块、山药、大枣、姜片、枸杞子，淋入剩余的料酒，用小火煮约 40 分钟至食材熟透，加入盐、鸡粉搅拌均匀，略煮片刻至食材入味，盛出即可。

 # 藕片猪肉汤

材料：莲藕 200 克、猪瘦肉 50 克、香菇 5 克、葱花 3 克

调料：盐 3 克、鸡粉 3 克、食用油适量

做法

1 洗净的莲藕切片。

2 洗好的猪瘦肉切片。

3 取电饭锅，倒入藕片、香菇、猪瘦肉、食用油，注入适量清水，拌匀。

4 定时煮 1 小时。

5 开盖，加入鸡粉、盐、葱花。

6 稍稍搅拌至入味。

7 盛出煮好的汤，盛入碗中即可。

海带牛肉汤

🍃**材料**：牛肉 150 克、水发海带丝 100 克、姜片少许、葱段少许

🥄**调料**：鸡粉 2 克、胡椒粉 1 克、生抽 4 毫升、料酒 6 毫升

🍴做法

1 洗净的牛肉切条形，再切丁，备用。
2 锅中注入适量清水烧开，倒入牛肉丁，搅匀，淋入一部分料酒，拌匀，汆去血水，再捞出牛肉，沥水，待用。
3 高压锅中注入适量清水烧热，倒入汆过水的牛肉丁，撒上备好的姜片、葱段，淋入剩余的料酒，盖好盖，拧紧，用中火煮约 30 分钟至食材熟透，打开盖子，倒入水发海带丝，转大火略煮一会儿，加入生抽、鸡粉，撒上胡椒粉，拌匀调味。
4 关火后盛出煮好的汤，盛入碗中即可。

 # 甘蔗茯苓瘦肉汤

🍃**材料**：瘦肉 200 克、甘蔗段 120 克、茯苓 20 克、茅根 12 克、胡萝卜 80 克、玉米 100 克、姜片少许

🥄**调料**：盐 2 克

🍴做法

1 去皮洗净的胡萝卜切滚刀块。
2 洗好的玉米斩成小件。
3 洗净的瘦肉切开，再切大块。
4 锅中注入适量清水烧开，倒入瘦肉块，拌匀。
5 汆煮约 1 分钟，去除血渍后捞出，沥干水分，待用。
6 砂锅中注入适量清水烧热，倒入汆过水的瘦肉块。
7 放入切好的玉米、胡萝卜，撒上姜片。
8 倒入备好的茯苓、茅根，放入洗净的甘蔗段。
9 盖上盖，烧开后转小火煮约 120 分钟，至食材熟透。
10 揭盖，加入盐，拌匀，略煮，至汤汁入味。
11 关火后盛出煮好的瘦肉汤，盛入碗中即可。

黄花菜猪肚汤

做法

1 熟猪肚切成条，备用；水发黄花菜去蒂，备用。
2 砂锅中注入适量清水，放入切好的熟猪肚，加入姜片，淋入料酒，盖上锅盖，用小火煮20分钟，揭开锅盖，倒入处理好的黄花菜，用勺搅匀，盖上盖，续煮15分钟至全部食材熟透，揭盖，加入盐、鸡粉，搅匀调味。
3 关火后盛出煮好的汤，盛入碗中，撒上葱花即可。

材料：熟猪肚140克、水发黄花菜200克、姜片少许、葱花少许

调料：盐3克、鸡粉3克、料酒8毫升

 # 雪梨川贝无花果瘦肉汤

做法

1 洗净去皮的雪梨切开，去核，再切成块。
2 泡好的陈皮刮去白色部分。
3 锅中注入适量清水烧开，倒入洗净的瘦肉。
4 搅拌均匀，煮约2分钟，氽去血水。
5 捞出氽煮好的瘦肉块，将瘦肉块过冷水，装盘备用。
6 砂锅中注入适量高汤烧开，倒入氽煮好的瘦肉块。
7 倒入洗好的无花果、杏仁、川贝、陈皮、雪梨，搅拌均匀。
8 盖上盖，大火煮约15分钟，转至小火慢炖1～2小时至食材熟透。
9 揭开盖，加入盐，搅拌均匀至食材入味。
10 盛出炖好的汤，盛入碗中即可。

材料：雪梨120克、无花果20克、杏仁10克、川贝10克、陈皮7克、瘦肉块350克、高汤适量

调料：盐3克

小麦排骨汤

🌿**材料**：排骨 500 克、水发小麦 280 克、姜片少许

🍶**调料**：盐 3 克、鸡粉 2 克

🍴**做法**

1 锅中注入适量清水大火烧开，倒入备好的排骨，汆水。

2 将排骨捞出沥水，待用。

3 砂锅中注入适量清水大火烧热，倒入排骨、水发小麦、姜片，搅拌片刻。盖上锅盖，煮开后转小火煲 1 小时至熟软，加入盐、鸡粉，搅匀调味，盛出即可。

 胡萝卜牛肉汤

🌿**材料**：牛肉 125 克、胡萝卜 100 克、姜片少许、葱段少许

🍶**调料**：盐 1 克、鸡粉 1 克、胡椒粉 2 克

🍴**做法**

1 洗净去皮的胡萝卜切滚刀块，洗好的牛肉切块。

2 深烧锅中注水烧热，倒入切好的牛肉块，汆煮至去除血水和脏污，捞出汆好的牛肉，沥水，装盘待用。将洗净的深烧锅置火上，注水烧开。倒入汆好的牛肉块，放入姜片、葱段，搅匀，加盖，用大火煮开后转小火续煮 1 小时至熟软，揭盖，倒入切好的胡萝卜块搅匀，加盖，续煮 30 分钟至胡萝卜块熟软。揭盖，加入盐、鸡粉、胡椒粉，搅匀调味。

3 关火后盛出煮好的汤，盛入碗中即可。

玉米胡萝卜鸡肉汤

做法

1 洗净的胡萝卜切开，改切成小块，备用。

2 锅中注入适量清水烧开，倒入洗净的鸡肉块，加入料酒，拌匀，用大火煮沸，汆去血水，撇去浮沫，把汆煮好的鸡肉块捞出，沥干水分，待用。

3 砂锅中注入适量清水烧开，倒入汆过水的鸡肉块，放入胡萝卜块、玉米块，撒入姜片，淋入料酒，拌匀。

4 盖上盖，烧开后用小火煮约1小时至食材熟透，揭盖，放入盐、鸡粉，拌匀调味，关火后盛出煮好的汤即可。

材料：鸡肉块 350 克、玉米块 170 克、胡萝卜 120 克、姜片少许

调料：盐 3 克、鸡粉 3 克、料酒适量

 # 白扁豆瘦肉汤

做法

1 锅中注水烧开，倒入备好的瘦肉块，搅匀汆去血水，捞出，沥水待用。

2 砂锅中注水烧热，倒入备好的白扁豆、瘦肉块，放入姜片，盖上锅盖，烧开后转小火煮1小时至熟透，掀开锅盖，放入少许盐搅拌片刻，使食材入味。

3 关火，将煮好的汤盛入碗中即可。

材料：白扁豆 100 克、瘦肉块 200 克、姜片少许

调料：盐少许

鸡内金羊肉汤

🌿 **材料**：羊肉320克、大枣25克、鸡内金30克、姜片少许、葱段少许

🥄 **调料**：盐2克、鸡粉1克、料酒少许

 山楂麦芽益食汤

🌿 **材料**：猪肉块200克、山楂8克、淮山5克、水发麦芽5克、蜜枣3克、陈皮2克、高汤500毫升

🥄 **调料**：盐2克

海带筒骨汤

材料：筒骨 400g、海带 100g、姜片少许、葱段少许

调料：盐适量

做法

1 海带切条形，再打结；筒骨放入锅中焯水捞出，放入凉水里，浸泡待用。

2 取砂锅，倒入海带、筒骨，放入姜片，加足量清水，盖上盖，用大火煮开后，转小火煮 1 小时，加盐，拌匀调味盛出，盛入碗中后撒上少许葱段即可。

 罗汉果杏仁猪肺汤

材料：罗汉果 5 克、南杏仁 30 克、姜片 35 克、猪肺 400 克、料酒 10 毫升

调料：盐 2 克、鸡粉 2 克

做法

1 处理好的猪肺切成小块，备用，锅中注水烧热，倒入切好的猪肺，搅散汆去血水捞出，沥水装碗，倒入适量清水浸泡。

2 砂锅中注入适量清水烧开，放入南杏仁、罗汉果、姜片，倒入汆过水的猪肺，淋入料酒，盖上盖，烧开后用小火炖 1 小时至食材熟透，揭开盖，放入盐、鸡粉搅拌片刻至食材入味。

3 盛出炖煮好的汤，盛入碗中即可。

白果老鸭汤

🌿**材料**：鸭肉块 350 克、白果仁 100 克、料酒 20 毫升、姜片 6 克

🍶**调料**：盐 2 克

🍴做法

1 锅中注入适量清水烧开，放入洗净的白果仁。煮约 1 分钟至断生。捞出煮好的白果仁，沥干水分，装盘待用。

2 另起锅，注入适量清水烧开，放入洗好的鸭肉块，汆煮约 2 分钟至去除腥味和脏污。捞出汆煮好的鸭肉块，沥干水分，装盘待用。

3 锅中倒入汆煮好的鸭肉块，注入约 500 毫升清水。开火，煮约 2 分钟至略微沸腾，加入姜片、料酒、盐。煮约 2 分钟至沸腾，撇去浮沫。加盖，用小火炖 1 小时至食材熟软、汤汁入味。

4 揭盖，加入白果，煮约 1 分钟至沸腾。

5 关火后将煮好的汤盛出即可。

 # 猪血山药汤

🌿**材料**：猪血 270 克、山药 70 克、葱花少许

🍶**调料**：盐 2 克、胡椒粉少许

🍴做法

1 洗净去皮的山药切斜刀段，改切厚片，备用；洗好的猪血切开，改切小块，备用。

2 锅中注入适量清水烧热，倒入猪血块，拌匀，汆去污渍，捞出猪血块，沥干水分，待用。

3 另起锅，注入适量清水烧开，倒入猪血块、山药片，盖上盖，烧开后用中小火煮约 10 分钟至食材熟透，揭开盖，加入盐拌匀，关火后待用。

4 取一个汤碗，撒入少许胡椒粉，盛入锅中的汤，撒上葱花即可。

丝瓜虾皮猪肝汤

材料：丝瓜90克、猪肝85克、虾皮12克、姜丝少许、葱花少许

调料：盐3克、鸡粉3克、水淀粉2毫升、食用油适量

做法

1 将去皮洗净的丝瓜对半切开，切成片。
2 洗好的猪肝切成片。
3 把猪肝片盛入碗中，放入一部分的盐和鸡粉、水淀粉，拌匀。
4 淋入食用油，腌制10分钟。
5 锅中注油烧热，放入姜丝，爆香，再放入虾皮。
6 快速翻炒出香味。
7 倒入适量清水。
8 盖上盖子，用大火煮沸。
9 揭盖，倒入丝瓜片，加入剩余的盐和鸡粉。
10 拌匀后放入猪肝片。
11 用锅铲搅散，继续用大火煮至沸腾。
12 关火，将锅中的汤盛入碗中，再将葱花撒入汤中即可。

猪血蘑菇汤

材料：猪血150克、豆腐155克、白菜叶80克、水发榛蘑150克、高汤250毫升、姜片少许、葱花少许

调料：盐2克、鸡粉2克、胡椒粉3克、食用油适量

做法

1 洗净的豆腐切块。
2 处理好的猪血切小块，待用。
3 用油起锅，倒入姜片，爆香。
4 放入水发榛蘑，炒匀。
5 倒入高汤、豆腐、猪血，加入盐，拌匀。
6 放入白菜叶，加入鸡粉、胡椒粉，拌匀。
7 搅拌约2分钟至入味。
8 关火后盛出煮好的汤，盛入碗中，撒上葱花即可。

苦瓜红豆排骨汤

🌱**材料**：红豆 30 克、苦瓜块 70 克、猪骨 100 克、高汤适量

🍶**调料**：盐 2 克

🍴做法

1 锅中注入适量清水烧开，倒入洗净的猪骨，搅散，汆煮片刻。
2 捞出汆煮好的猪骨，沥干水分。
3 将猪骨过一次冷水，备用。
4 砂锅倒入适量高汤，加入汆过水的猪骨。
5 倒入备好的苦瓜块、红豆，搅拌片刻。
6 盖上锅盖，用大火煮 15 分钟后转中火煮 1～2 小时至食材熟软。
7 揭开锅盖，加入盐调味，搅拌均匀至食材入味。
8 盛出煮好的汤，盛入碗中，待稍微放凉即可食用。

 # 羊肉虾皮汤

🌱**材料**：羊肉 150 克、虾米 50 克、蒜片少许、葱花少许、高汤适量

🍶**调料**：盐 2 克

🍴做法

1 砂锅注入高汤煮沸，放入洗净的虾米，加入蒜片，拌匀。
2 盖上锅盖，用小火煮约 10 分钟至熟。
3 揭开锅盖，放入洗净切片的羊肉，拌匀。
4 盖上盖，烧开后煮约 15 分钟至熟。
5 揭盖，加盐。
6 搅拌调味。
7 关火后盛出煮好的汤，盛入碗中，撒上葱花即可。

黑豆莲藕鸡汤

🌱**材料**：水发黑豆 100 克、鸡肉 300 克、莲藕 180 克、姜片少许

🥄**调料**：盐少许、鸡粉少许、料酒 5 毫升

做法

1 将洗净去皮的莲藕对半切开，再切成块，改切成丁；洗好的鸡肉切开，再斩成小块。

2 锅中注入适量清水烧开，倒入鸡块，搅动几下，再煮一会儿，去除血水后捞出，沥干水分，待用。

3 砂锅中注入适量清水烧开，放入姜片，倒入汆过水的鸡块，放入水发黑豆，倒入藕丁，淋入料酒，盖上盖，煮沸后用小火炖煮约 40 分钟至食材熟透，取下盖子，加入少许盐、鸡粉。

4 搅匀调味，续煮一会儿至食材入味，关火后盛出煮好的鸡汤，盛入汤碗中即可。

 板栗龙骨汤

🌱**材料**：龙骨块 400 克、板栗 100 克、玉米段 100 克、胡萝卜块 100 克、姜片 7 克

🥄**调料**：料酒 10 毫升、盐 4 克

做法

1 砂锅中注入适量清水烧开，倒入处理好的龙骨块。

2 加入料酒、姜片，拌匀。

3 加盖，大火煮片刻。

4 揭盖，撇去浮沫。

5 倒入玉米段，拌匀。

6 加盖，小火煮 1 小时。

7 揭盖，加入洗好的板栗，拌匀。

8 加盖，小火续煮 15 分钟至熟。

9 揭盖，倒入洗净的胡萝卜块，拌匀。

10 加盖，小火续煮 15 分钟至食材熟透。

11 揭盖，加入盐。

12 搅拌片刻至入味。

13 关火，将煮好的汤盛出，盛入碗中即可。

肉丸冬瓜汤

材料： 冬瓜 500 克、五花肉末 250 克、葱花 10 克

调料： 盐 3 克、鸡粉 2 克、淀粉 10 克

做法

1 洗净的冬瓜切小块，五花肉末装碗，倒入盐、鸡粉、淀粉拌匀，腌制 10 分钟至入味后捏成肉丸，装碗待用。

2 取出电饭锅，打开盖子，通电后倒入肉丸，放入切好的冬瓜，倒入适量水至没过食材。煮 20 分钟至食材熟软入味，煮完后开盖，倒入葱花，搅拌均匀，将煮好的汤盛入碗中即可。

猪肝豆腐汤

材料： 猪肝 100 克、豆腐 150 克、葱花少许、姜片少许

调料： 盐 2 克、生粉 3 克

做法

1 锅中注水烧开，倒入洗净切块的豆腐，拌煮至断生。

2 猪肝切小块，放入生粉腌制，撒入姜片、葱花，煮沸，加盐拌匀调味。

3 用小火煮约 5 分钟，至汤汁收浓，关火后盛入碗中即可。

海蜇肉丝鲜汤

🌱材料：海蜇 175 克、黄豆芽段 75 克、瘦肉 110 克、胡萝卜 95 克、姜片少许。

🥣调料：盐 2 克、鸡粉 2 克、胡椒粉 4 克、料酒 5 毫升、水淀粉适量、食用油适量。

🍴做法

1 洗净的海蜇切丝。
2 洗好去皮的胡萝卜切片，改切成丝。
3 洗净的瘦肉切片，改切成丝。
4 取一碗，放入瘦肉丝，加入一部分盐、料酒、一部分胡椒粉、水淀粉、食用油。
5 拌匀，腌制 10 分钟。
6 深锅置于火上，倒入适量食用油，加入姜片，爆香。
7 注入适量清水，放入海蜇丝、胡萝卜丝，拌匀。
8 煮 2 分钟至沸腾。
9 倒入瘦肉丝、黄豆芽段，加入剩余的盐、鸡粉、剩余的胡椒粉。
10 搅拌片刻，煮约 5 分钟至入味。
11 关火后盛出煮好的汤，盛入碗中即可。

花生瘦肉泥鳅汤

🌱材料：花生 200 克、瘦肉 300 克、泥鳅 350 克、姜片少许

🥣调料：盐 3 克、胡椒粉 2 克

🍴做法

1 处理好的瘦肉切成块待用，锅中注入适量的清水大火烧开，倒入瘦肉，汆去血水杂质，将瘦肉捞出，沥干水分待用。
2 砂锅中注入适量的清水大火烧热，倒入瘦肉、花生、姜片，搅拌片刻，盖上锅盖，烧开后转小火煮 1 小时，掀开锅盖，倒入处理好的泥鳅，加入盐、胡椒粉，搅匀调味，再续煮 5 分钟，至食材入味。
3 将煮好的汤盛入碗中即可。

茯苓百合排骨汤

材料：茯苓适量、芡实适量、龙牙百合适量、红豆适量、薏米适量、生地黄适量、排骨块 200 克

调料：盐 2 克

做法

1 将茯苓、生地黄装入食品隔渣袋里，系好袋口，放入碗中，倒入清水泡发 8 分钟；将红豆盛入碗中，倒入清水泡发 2 小时；再将龙牙百合、芡实、薏米盛入碗中，倒入清水泡发 10 分钟。

2 将泡好的食品隔渣袋取出沥水，装盘备用，将泡好的龙牙百合、芡实、薏米盛出，沥干水分，盛入盘中备用。

3 将泡好的红豆取出沥水，装盘备用。

4 锅中注水烧开，放入排骨块，汆煮片刻，关火后捞出汆煮好的排骨块，沥干水分，盛入盘中待用，砂锅中注入适量清水，倒入排骨块、茯苓、生地黄、红豆、芡实、薏米拌匀，加盖大火煮开转小火煮 100 分钟，加入龙牙百合拌匀续煮至熟，加盐，搅拌入味，盛出即可。

海带松茸老鸭汤

材料：水发松茸 70 克、老鸭肉 200 克、水发海带 100 克、姜片适量、高汤适量

调料：盐 3 克、鸡粉 3 克

做法

1 老鸭肉切块；水发松茸切块；水发海带切丝。

2 锅中注入适量清水烧开，放入洗净的老鸭肉块，搅拌匀。

3 煮 2 分钟，搅拌匀，汆去血水。

4 另起锅，注入适量高汤烧开，加入老鸭肉、水发松茸、姜片、海带丝拌匀。

5 盖上锅盖，用大火煮开后调至中火，炖 1 小时至食材熟透。

6 揭开锅盖，加入盐，鸡粉，搅拌均匀，至食材入味。

7 关火后，将煮好的汤盛出即可。

番茄大骨汤

做法
1 玉米切段。
2 番茄切块。
3 锅中注入适量的清水大火烧开。
4 倒入猪大骨，搅匀，氽煮去杂质。
5 将猪大骨捞出，沥干水分，待用。
6 备好的锅中倒入猪大骨。
7 注入适量的清水，搅匀，中火煮
30 分钟。
8 揭盖，倒入玉米、番茄拌匀，继
续煮 20 分钟。
9 揭盖，加盐、鸡粉拌匀。
10 将食材盛入碗中即可。

材料：玉米 100 克、番茄 100 克、猪大
骨 200 克

调料：盐 2 克、鸡粉 2 克

香菇猪肚汤

做法
1 香菇切块。
2 锅中注入适量清水烧开，倒入洗
净的猪大肠，拌匀，加入一部分料酒。
3 用大火煮约 5 分钟，氽去异味；
取出猪大肠，放凉后将其切成小段，
备用。
4 用油起锅，放入姜片，爆香。
5 倒入猪大肠，炒匀，淋入剩余的
料酒，炒香。
6 撒上葱段，炒出香味；注入适量
热水，用大火煮沸，撇去浮沫。
7 倒入香菇，盖上盖，用中火煮约
10 分钟至食材熟透。
8 揭盖，加入盐、鸡粉，水发枸杞子，
拌匀后盛入碗中即可。

材料：香菇 70 克、猪大肠 300 克、姜片
适量、水发枸杞子 10 克、葱段适量

调料：盐 3 克、鸡粉 3 克、料酒 10 毫升、
食用油适量

枸杞猪肝汤

做法

1 猪肝洗干净切片，装入碗内，加料酒、盐、生粉搅拌均匀，腌制10分钟入味。

2 锅起油烧热，倒入腌好的猪肝炒至变色，加水500毫升，加入姜丝，盖上锅盖焖煮。

3 水开后揭盖，加入适量盐和生抽调味，加入枸杞，即可起锅食用。

材料：猪肝200克、枸杞10克、姜丝10克

调料：生抽3毫升、料酒3毫升、生粉5克、盐适量

大枣桂圆鸡汤

做法

1 洗净的土鸡肉切开，再斩成小块，放入盘中待用。

2 锅中注入约800毫升清水烧开，倒入土鸡肉块，再淋入料酒。

3 拌煮约1分钟，氽去血渍。

4 放在盘中，备用。

5 砂锅中注入900毫升清水，用大火烧开。

6 放入洗净的桂圆肉、大枣，倒入氽过水的土鸡肉块，加入冰糖，淋入米酒。

7 盖上盖子，煮沸后用小火煮约40分钟至食材熟透。

8 取下盖子，加入盐，拌匀，续煮一会儿至食材入味。

9 揭盖，将汤盛入碗中即可。

材料：土鸡肉400克、桂圆肉20颗、大枣20颗

调料：冰糖5克、盐4克、料酒10毫升、米酒10毫升

白果炖鸡汤

做法

1 鸡肉洗净，切块。
2 砂煲置旺火上，加适量水，放入姜片、葱段。
3 再倒入鸡肉和白果。
4 盖盖，烧开后转小火煲 2 小时。
5 揭盖，调入盐、胡椒粉拌匀。
6 挑去葱段、姜片。
7 将煮好的食材盛入碗中即可。

材料：鸡肉 200 克、白果 90 克、姜片适量、葱段适量

调料：盐 3 克、胡椒粉 3 克

 ## 蔬菜鸡肉汤

做法

1 土豆切块。
2 红椒切块。
3 胡萝卜切块。
4 鸡肉切块。
5 锅内注入适量清水煮开，倒入鸡肉余去浮沫。
6 捞出鸡肉待用。
7 砂锅注水烧开，倒入鸡肉、胡萝卜、土豆、红椒拌匀。
8 加盖，中火煮 20 分钟。
9 揭盖，加入盐、鸡粉，拌匀入味。
10 将汤盛入碗中，撒上香菜即可。

材料：红椒 50 克、胡萝卜 80 克、鸡肉 200 克、土豆 80 克、香菜适量

调料：盐 2 克、鸡粉 2 克

玉米骨头汤

做法
1 玉米切段。
2 锅中注入适量的清水大火烧开。
3 倒入洗净的猪大骨，汆去血水和杂质。
4 将猪大骨捞出，沥干水分，待用。
5 砂锅中注入适量的清水大火烧开。
6 倒入猪大骨、姜片，玉米搅拌匀。
7 盖上锅盖，大火煮开后转小火炖1 小时。
8 掀开盖，加入盐、鸡粉、胡椒粉，搅拌调味。
9 将汤盛入碗中即可。

材料：玉米 100 克、猪大骨 400 克、姜片适量
调料：盐 3 克、鸡粉 3 克、胡椒粉 3 克

 番茄丸子汤

做法
1 番茄切块。
2 往猪肉末中加入盐、鸡粉、生抽拌匀，加入适量水淀粉腌制入味。
3 锅内注水烧开，将猪肉末捏成丸子状。
4 将猪肉丸放入开水中，煮至浮起即可捞出。
5 砂锅注水烧开，放入番茄块、猪肉丸拌匀，放入姜丝。
6 加盖，中火煮 15 分钟。
7 揭盖，加入盐、鸡粉拌匀入味。
8 将食材盛入碗中，撒上葱花即可。

材料：番茄 60 克、猪肉末 100 克、姜丝适量、水淀粉适量、葱花适量
调料：盐适量、鸡粉适量、生抽适量

风味丸子汤

🌱**材料**：豆芽 100 克、肉末 200 克、姜末适量、葱花适量

🥄**调料**：盐 3 克、鸡粉 3 克、生抽 5 毫升、生粉适量、食用油适量

🍴**做法**

1 把肉末盛入碗中，倒入姜末、葱花。
2 加一部分盐和鸡粉，拌匀。
3 撒上生粉，拌匀，至其起劲。
4 锅中注入适量清水烧开，将拌好的肉末挤成丸子，放入锅中。
5 用大火略煮，撇去浮沫。
6 加入食用油、剩余的盐和鸡粉、生抽。
7 倒入豆芽，拌匀，煮至断生。
8 关火后盛出煮好的肉丸汤即可。

梅干菜龙骨汤

🌱**材料**：梅干菜 100 克、猪骨 300 克、姜片适量

🥄**调料**：盐 3 克、鸡粉 3 克、白胡椒粉 3 克

🍴**做法**

1 梅干菜切段。
2 猪骨切段。
3 锅中注入适量的清水，大火烧开。
4 倒入处理好的猪骨，汆去血水和杂质。
5 将猪骨捞出，沥干水分，待用。
6 砂锅倒入适量的清水，大火烧热。
7 倒入猪骨、姜片，搅拌片刻。
8 盖上锅盖，大火煮开后转小火煮 1 小时。
9 掀开锅盖，放入盐、鸡粉、白胡椒粉，倒入梅干菜，搅拌调味。
10 盖上锅盖，煮 5 分钟即可。

猪骨汤

🌱**材料**：猪骨200克、姜片适量

🍲**调料**：盐3克、鸡粉3克、料酒10毫升

 # 番茄牛肉丸子汤

🍴 **做法**

1 番茄切块。
2 热锅注油，倒入番茄炒匀。
3 注入适量清水，倒入牛肉丸。
4 加盖，大火煮10分钟。
5 揭盖，倒入豆芽、水发木耳，煮3分钟，加入盐、鸡粉、生抽拌匀。
6 关火后将汤盛入碗中即可。

🌱**材料**：牛肉丸200克、豆芽80克、番茄100克、水发木耳650克

🍲**调料**：盐3克、鸡粉3克、生抽5毫升、食用油适量

冬瓜排骨汤

🍲 **做法**

1 将去皮冬瓜切长方块，装盘备用。
2 洗净的排骨斩成段，盛入盘中。
3 锅中加适量清水，倒入排骨，大火加热煮沸，氽去血水。
4 将氽煮好的排骨捞出，装盘备用。
5 锅中另加适量清水烧开，倒入排骨，放入姜片。
6 倒入切好的冬瓜。
7 淋入料酒，加入盐、鸡粉、胡椒粉。
8 加盖，小火炖 1 小时。
9 揭盖盛入即可。

🌿 **材料**：去皮冬瓜 200 克、排骨 500 克、姜片适量

🍶 **调料**：盐 3 克、鸡粉 3 克、胡椒粉 5 克、料酒适量

 鸽蛋蔬菜汤

🍲 **做法**

1 将肉末洗净；上海青洗净切末；鸽蛋入沸水锅煮 8 分钟后捞出放入凉水中，剥壳，对半切开备用。
2 起锅，加适量食用油，下入肉末炒至变色后加入适量水，煮沸后加入切好的上海青、鸽蛋，加入盐调味，水开后盛出即可。

🌿 **材料**：鸽蛋 2 颗、上海青 50 克、肉末 100 克

🍶 **调料**：食用油适量、盐适量

猪肝豆腐汤

做法

1 猪肝洗净，放入含有醋的清水中浸泡 10 分钟去腥，取出冲洗干净，切成薄片。
2 锅内注入适量清水，放入姜片烧开，下入猪肝，搅散，稍煮一会儿。
3 豆腐切块，加入锅中煮至食材熟透。
4 最后加盐、麻油调味，撒上葱花即可。

材料：猪肝 300 克、豆腐 200 克、姜片 10 克、葱花适量、醋适量

调料：盐 2 克、麻油适量

鸡肉丸子汤

做法

1 熟鸡胸肉切成碎末。
2 把鸡肉末倒入碗中，加入盐、鸡粉，放入黑胡椒粉、料酒。
3 注入水淀粉，快速拌一会儿，使肉起劲。
4 将鸡肉分成数个肉丸，整好形状，待用。
5 锅置火上，注入适量清水，大火煮沸。
6 倒入鸡肉丸，放入胡萝卜、菠菜叶，盖上盖，烧开后转小火煮约 10 分钟。
7 揭盖，将食材盛入碗中即可。

材料：熟鸡胸肉 170 克、胡萝卜 40 克、菠菜叶 40 克

调料：盐 3 克、鸡粉 3 克、黑胡椒粉 3 克、料酒 10 毫升、水淀粉适量

肉丸粉丝白菜汤

做法

1 小白菜洗净，切成段；粉丝泡软。
2 取一个干净的碗，放入猪肉馅，加入葱花、姜末，顺一个方向搅匀。
3 加入一个鸡蛋，继续顺一个方向搅匀。
4 加入一部分盐、淀粉，搅至起劲。
5 锅加食用油，倒入清水煮沸，将肉馅制成丸子，下入锅中，盖上盖煮5分钟。
6 揭盖，加入剩余的盐、鸡粉，放入小白菜、粉丝，继续煮至食材熟透。
7 关火，将煮好的丸子汤盛入碗中即可。

材料：猪肉馅300克、粉丝适量、小白菜300克、鸡蛋1个、姜末少许、葱花少许

调料：盐3克、鸡粉3克、淀粉适量、食用油适量

海椰子乌鸡汤

做法

1 乌鸡清理干净；新鲜海椰子冷冻后取出剥皮；大枣、枸杞子洗净。
2 取大炖锅，放入整只乌鸡，再放入海椰子、大枣和枸杞子，加入清水，与乌鸡平齐，盖上盖，炖1.5小时，最后撒上盐调味即可。

材料：乌鸡1只、新鲜海椰子100克、大枣20克、枸杞子10克

调料：盐3克

豆皮老鸭汤

🌿**材料**：鸭肉块 400 克、姜片 4 片、水发豆皮 100 克、高汤适量

🥣**调料**：盐 3 克、料酒适量

🍴**做法**

1 锅中注水烧开，放入洗净的鸭肉块及料酒拌匀，煮 2 分钟，捞出后过冷水，盛盘备用。

2 另起锅，注入高汤烧开，加入鸭肉块、姜片，拌匀，盖上锅盖，炖 3 小时至食材熟透，揭开锅盖，加入水发豆皮，续煮片刻，最后加入盐调味即可。

鲍鱼鸡汤

🌿**材料**：光鸡 1 只、鲍鱼（带壳）2 只、人参 1 条、大枣 5 颗、大葱 20 克

🥣**调料**：盐 2 克

🍴**做法**

1 光鸡处理干净，切去鸡爪；鲍鱼处理干净，刷干净壳；人参、大枣洗净；大葱切成片。

2 取一砂锅，放入光鸡、鲍鱼、人参和大枣，注入适量清水，大火煮沸转小火煮 1 小时，至食材全部熟透。

3 放入大葱，撒入盐调味即可。

猪血青菜汤

🌿**材料**：猪血 200 克、小白菜 100 克、姜丝少许

🍲**调料**：盐适量、鸡粉适量、食用油适量

做法

1 洗净的猪血切成片；小白菜择洗干净。
2 砂锅注水烧热，放入食用油、猪血和姜丝，煮开后续煮 5 分钟。
3 倒入小白菜，加入盐、鸡粉，拌匀，煮至小白菜断生即可。

 ## 山药乌鸡汤

🌿**材料**：乌鸡块 200 克、山药片 30 克、大枣 20 克、枸杞子 10 克、黄芪 5 克

🍲**调料**：盐 3 克

做法

1 乌鸡块放入沸水锅中氽去血水和脏污，待用。
2 砂锅注水烧开，放入乌鸡块，再放入山药片、大枣、枸杞子、黄芪，拌匀，盖上盖，用小火煲 1.5 小时。
3 揭开盖，放入盐，拌匀调味即可。

石斛鸭汤

做法
1 鸭子处理干净，剁成大块。
2 锅中注水烧开，淋入料酒，放入鸭块、姜片，氽去血水，捞出过凉水，待用。
3 砂锅中注入适量清水，放入鸭块，再放入洗净的党参和石斛，盖上盖，小火煲 1 小时至药材析出有效成分。
4 揭盖，放入盐，拌匀调味即可。

材料：鸭子半只、石斛 10 克、党参 10 克、姜片少许

调料：盐 3 克、料酒少许

香菜鲤鱼汤

做法
1 鲤鱼处理干净后，洗净擦干；洗净的香菜切碎；洗净的红椒切圈。
2 热锅注油烧至七成热，下入鲤鱼，煎至两面微黄。
3 加入 800 毫升水，淋入料酒，放入蒜末、姜末，盖好锅盖，小火煮 30 分钟。
4 揭开盖，放入红椒圈、香菜碎，拌匀，再加入盐、鸡粉，拌匀煮沸即可。

材料：鲤鱼 1 条、香菜 50 克、红椒少许、蒜末适量、姜末适量

调料：盐适量、鸡粉 5 克、料酒 10 毫升、食用油适量

枸杞子海参汤

🍴 **做法**

1 砂锅中注入适量的清水，大火烧热，放入海参、香菇、枸杞子、姜片，淋入料酒，搅拌片刻，盖上锅盖，煮开后转小火煮 1 小时至熟透。

2 掀开锅盖，加入盐、鸡粉，搅拌均匀并煮开，使食材入味，关火，将煮好的汤盛入碗中，撒上葱花即可。

🌿 **材料**：海参 300 克、香菇 15 克、枸杞子 10 克、姜片少许、葱花少许

🥣 **调料**：盐 2 克、鸡粉 2 克、料酒 5 毫升

双菇蛤蜊汤

🍴 **做法**

1 锅中注入适量清水烧开，倒入白玉菇段、香菇块。

2 倒入备好的蛤蜊、姜片，搅拌均匀。

3 盖上盖，煮约 2 分钟。

4 揭开盖，放入鸡粉、盐、胡椒粉。

5 拌匀调味。

6 盛出煮好的汤，盛入碗中，撒上葱花即可。

🌿 **材料**：蛤蜊 150 克、白玉菇段 100 克、香菇块 100 克、姜片少许、葱花少许

🥣 **调料**：鸡粉 2 克、盐 2 克、胡椒粉 2 克

白菜粉丝牡蛎汤

🍃**材料**：水发粉丝 50 克、牡蛎肉 60 克、白菜段 80 克、葱花少许、姜丝少许

🍶**调料**：盐 2 克、料酒 10 毫升、鸡粉适量、胡椒粉适量、食用油适量

🍴**做法**

1 锅中倒入适量的清水烧开，倒入白菜段、牡蛎肉。
2 加入少许姜丝，稍微搅散，再淋入食用油、料酒，搅匀提鲜。
3 盖上锅盖，烧开后煮 3 分钟。
4 揭开锅盖，加入鸡粉、盐、胡椒粉。
5 搅拌片刻，使食材入味。
6 往锅中加入水发粉丝。
7 搅拌均匀，煮至粉丝熟透。
8 将煮好的汤盛入碗中，撒上葱花即可。

 ## 核桃虾仁汤

🍃**材料**：虾仁 95 克、核桃仁 80 克、姜片少许

🍶**调料**：盐 2 克、鸡粉 2 克、白胡椒粉 3 克、料酒 5 毫升、食用油适量

🍴**做法**

1 深锅置于火上，注入适量食用油，放入姜片，爆香。
2 倒入虾仁，淋入料酒，炒香。
3 注入适量清水。
4 加盖，煮约 2 分钟至沸腾。
5 放入核桃仁，加入盐、鸡粉、白胡椒粉，拌匀。
6 煮约 2 分钟至沸腾。
7 关火后盛出煮好的汤，盛入碗中即可。

人参螺片汤

🌱**材料**：排骨 400 克、水发螺片 20 克、大枣 10 克、枸杞子 5 克、玉竹 5 克、北杏仁 8 克、人参片少许

📍**调料**：盐 2 克、料酒适量

🍴做法

1 水发螺片切成斜刀片，待用。
2 锅中注入适量清水，用大火烧热。
3 倒入洗净的排骨，淋入料酒，汆去血水。
4 捞出汆煮好的排骨，沥干水分，备用。
5 砂锅中注入适量清水，用大火烧热。
6 倒入备好的排骨、玉竹、枸杞子、大枣、北杏仁。
7 放入水发螺片，淋入料酒，搅拌匀。
8 盖上锅盖，烧开后转中火煮 40 分钟。
9 揭开锅盖，倒入备好的人参片，搅匀。
10 盖上锅盖，略煮一会儿。
11 揭开锅盖，加入盐，搅匀至食材入味。
12 关火后将煮好的汤盛入碗中即可。

 ## 人参鱼片汤

🌱**材料**：黄鱼 270 克、瘦肉 120 克、桂圆肉 12 克、人参 45 克、葱段少许、姜片少许、火腿片 15 克、川贝适量

📍**调料**：盐 2 克、料酒 5 毫升、水淀粉适量

🍴做法

1 将洗净的瘦肉切薄片；处理好的黄鱼切取鱼肉，切斜刀片，装碗，加盐、水淀粉拌匀，腌制 10 分钟。
2 锅中注水烧开，倒入瘦肉片拌匀，淋入料酒，汆去血水，再捞出瘦肉片，沥水待用。
3 取一个蒸碗，倒入汆过水的瘦肉片，放入火腿片，撒上备好的桂圆肉、人参，放入姜片、葱段，倒入洗净的川贝，注入适量清水，至九分满，蒸锅上火烧开，放入蒸碗，盖上锅盖，用中火蒸约 30 分钟至食材散出香味，揭盖，放入腌制好的黄鱼片，摆盘即可。

金针菇海带虾仁汤

🍴 **做法**

1 洗净的金针菇切去根部，切段待用。
2 高汤倒入汤锅中大火煮开，转小火蓄热。
3 备好焖烧罐，放入海带结、虾仁。
4 注入开水至八分满，盖上盖子，摇晃片刻，预热1分钟。
5 揭开盖，将水倒出，放入金针菇。
6 加入适量姜丝，将煮沸的高汤倒入焖烧罐至七分满。
7 盖上盖，摇晃片刻，闷1小时。
8 待时间到揭开盖，加入盐，搅拌片刻；盛入碗中即可。

🌿 **材料**：虾仁50克、金针菇30克、海带结40克、高汤800毫升、姜丝适量

🍶 **调料**：盐2克

 ## 白萝卜牡蛎汤

🍴 **做法**

1 锅中注入适量清水烧开，倒入白萝卜丝、姜丝，放入牡蛎肉，搅拌均匀，淋入食用油、料酒，搅匀，盖上锅盖，焖煮5分钟至食材熟透。
2 揭开锅盖，淋入少许芝麻油，加入胡椒粉、鸡粉、盐，搅拌片刻至食材入味。
3 将煮好的汤盛出，盛入碗中，撒上葱花即可。

🌿 **材料**：白萝卜丝30克、牡蛎肉40克、姜丝少许、葱花少许

🍶 **调料**：料酒10毫升、盐2克、鸡粉2克、芝麻油少许、胡椒粉适量、食用油少许

PART **6**

蔬菜汤

泉水时蔬汤

做法

1 将洗净的小白菜切块，盛入碗中。
2 洗好的豆腐切成小方块，装盘备用。
3 锅中注入适量清水烧开，加食用油、盐、鸡粉。
4 倒入豆腐，煮约 2 分钟。
5 放入小白菜，煮约 1 分钟至熟。
6 淋入少许芝麻油，拌匀。
7 关火，将汤盛出，盛入碗中。

材料： 小白菜 60 克、豆腐 100 克

调料： 盐 3 克、鸡粉 3 克、食用油适量、芝麻油少许

养生枇杷汤

做法

1 猪肉切块。
2 枇杷切块。
3 锅内注水烧开，倒入猪肉汆去血水。
4 将猪肉捞出待用。
5 砂锅注水烧开，加入姜片、猪肉、枇杷，拌匀。
6 加盖，中火煮 20 分钟。
7 揭盖，加入盐、鸡粉，拌匀入味。
8 将食材盛入碗中即可。

材料： 枇杷 90 克、猪肉 150 克、姜片适量

调料： 盐 3 克、鸡粉 3 克

海带豆腐汤

做法

1 将洗净的豆腐切开，改切条形，再切小方块。
2 洗净的冬瓜切小块，备用。
3 锅中注入适量清水烧开，撒上姜丝。
4 倒入豆腐块，再放入水发海带丝和冬瓜，拌匀。
5 用大火煮约4分钟，至食材熟透，加入盐、鸡粉。
6 撒上胡椒粉，拌匀，略煮一会儿至汤汁入味。
7 关火后盛出煮好的汤，盛入碗中，撒上葱花即可。

材料：豆腐170克、水发海带丝120克、姜丝适量、葱花适量、冬瓜适量
调料：盐3克、胡椒粉2克、鸡粉3克

 山药玉米汤

做法

1 锅中注入适量清水煮开，倒入玉米粒、去皮山药拌匀。
2 加盖，中火煮15分钟。
3 揭盖，加入盐、鸡粉、食用油拌匀入味。
4 关火后将汤盛入碗中即可。

材料：玉米粒70克、去皮山药150克
调料：盐2克、鸡粉2克、食用油适量

酸菜粉丝汤

做法

1 酸菜切碎。
2 番茄切小块。
3 青菜切块。
4 热锅注油，倒入番茄、青菜炒匀。
5 倒入酸菜，注入适量清水，倒入水发粉丝煮沸。
6 加入盐、鸡粉、生抽，拌匀入味。
7 关火后将食材盛入碗中即可。

材料：水发粉丝 60 克、酸菜 70 克、番茄 90 克、青菜 50 克

调料：盐 3 克、鸡粉 3 克、生抽 5 毫升、食用油适量

竹荪香菇汤

做法

1 水发竹荪切成段。
2 洗净的香菇切块。
3 猪肉切块。
4 锅中注入适量清水烧开，放入盐、食用油。
5 倒入猪肉、香菇、水发竹荪拌匀。
6 加盖，中火煮 10 分钟。
7 揭盖，加入盐、鸡粉、生抽拌匀入味。
8 关火后将食材盛入碗中即可。

材料：水发竹荪 60 克、猪肉 90 克、香菇 80 克

调料：盐适量、鸡粉 3 克、生抽 5 毫升、食用油适量

香菇白萝卜汤

材料：白萝卜150克、香菇120克、葱花少许

调料：盐2克、鸡粉3克、胡椒粉2克

做法

1 锅中注水烧开，放入洗净切好的白萝卜，倒入洗好切块的香菇拌匀。
2 盖上盖，用大火煮约3分钟，揭盖，加盐、鸡粉、胡椒粉调味，拌煮片刻至食材入味。
3 关火后盛出煮好的汤，盛入碗中，撒上葱花即可。

 蛋花浓米汤

材料：水发大米170克、鸡蛋1个

做法

1 将鸡蛋打入碗中，快速搅拌一会儿，制成蛋液，待用。
2 砂锅中注入适量清水烧开，倒入水发大米，搅拌匀。
3 加盖，烧开后用小火煮约35分钟，至汤呈乳白色。
4 揭盖，捞出米粒，再倒入蛋液，搅拌匀，至液面浮现蛋花。
5 关火后盛出煮好的浓米汤，盛入碗中即可。

薏米白菜汤

🌱材料： 白菜 140 克、水发薏米 150 克、姜丝少许、葱丝少许

🥄调料： 盐 2 克、鸡粉 2 克、食用油少许

🍴做法

1 洗好的白菜切丝备用。
2 锅置火上，倒油烧热，放入姜丝、葱丝炒匀，注水，倒入水发薏米炒匀，烧开后用小火煮约 30 分钟，放入白菜拌匀。
3 再用小火煮约 6 分钟至熟，揭盖，加入盐、鸡粉，拌匀调味，关火后盛出煮好的汤即可。

 ## 白菜清汤

🌱材料： 白菜 120 克

🥄调料： 盐 2 克、芝麻油 3 毫升

🍴做法

1 洗好的白菜切开切丁，备用。
2 锅中注水烧开，倒入切好的白菜拌匀，烧开后用小火煮约 10 分钟。
3 加入盐、芝麻油，拌匀调味至汤汁入味，关火后盛出煮好的白菜清汤即可。

小白菜豆腐汤

做法

1 将洗净的小白菜切成两段，盛入碗中。
2 洗好的豆腐切成小方块，装盘备用。
3 锅中注入适量清水烧开，加食用油、盐、鸡粉。
4 倒入豆腐，煮约2分钟。
5 放入小白菜，煮约1分钟至熟。
6 淋入芝麻油，拌匀。
7 关火，将汤盛出，盛入碗中。
8 撒上葱花即可。

材料：小白菜150克、豆腐300克、葱花少许

调料：盐3克、鸡粉2克、芝麻油适量、食用油适量

玉米土豆清汤

做法

1 锅中注水烧开，放入土豆块和玉米段，拌匀。
2 盖上锅盖，用中火煮约20分钟至食材熟透。
3 打开锅盖，加盐、鸡粉、胡椒粉调味。
4 拌煮片刻至入味。
5 关火后盛出煮好的汤，盛入碗中，撒上葱花即可。

材料：土豆块120克、玉米段60克、葱花少许

调料：盐2克、鸡粉3克、胡椒粉2克

芦笋马蹄藕粉汤

材料：马蹄肉 50 克、芦笋 40 克、藕粉 30 克

做法
1 将洗净去皮的芦笋切丁。
2 洗好的马蹄肉切开，改切成小块。
3 把藕粉盛入碗中，倒入适量温开水，调匀，制成藕粉糊，待用。
4 砂锅中注入适量清水烧热，倒入切好的食材，拌匀。
5 用大火煮约 3 分钟，至汤沸腾。
6 倒入调好的藕粉糊，拌匀，至其溶入汤汁中。
7 关火后盛出煮好的藕粉汤，盛入碗中即可。

白萝卜粉丝汤

材料：白萝卜 400 克、水发粉丝 180 克、香菜 20 克、枸杞子少许、葱花少许
调料：盐 3 克、鸡粉 2 克、食用油适量

做法
1 将洗净的香菜切段，再切成末。
2 水发粉丝切成段。
3 洗净去皮的白萝卜切片，再切成细丝。
4 用油起锅，倒入白萝卜丝，翻炒均匀至其变软。
5 注入适量清水，撒上洗净的枸杞子拌匀，再加入盐、鸡粉调味，盖上盖。
6 烧开后用中火续煮约 3 分钟至食材七成熟。
7 揭盖，放入切好的粉丝拌匀，转大火煮至汤汁沸腾。
8 放入切好的香菜，撒上葱花搅匀续煮至其散出香味，关火。
9 盛出煮好的白萝卜粉丝汤，盛入碗中即可。

木耳菜蘑菇汤

🍃**材料**：木耳菜150克、口蘑180克

🥣**调料**：盐2克、鸡粉2克、料酒适量、食用油适量

🍴**做法**

1 将洗净的口蘑切成片。
2 把切好的口蘑盛入盘中，备用。
3 用油起锅，倒入口蘑，翻炒片刻。
4 淋入料酒，炒香。
5 倒入适量清水。
6 盖上盖，烧开后用中火煮2分钟。
7 揭盖，加入盐、鸡粉。
8 放入洗净的木耳菜。
9 用锅勺搅拌均匀，煮约1分钟至木耳菜熟软。
10 将煮好的汤盛出，盛入碗中即可。

 板栗雪梨米汤

🍃**材料**：水发大米85克、雪梨110克、板栗肉20克

🍴**做法**

1 板栗肉切成小块。
2 洗净去皮的雪梨切开，去核，再切成小块。
3 取榨汁机，倒入板栗肉，盖好盖。选择"干磨"功能，磨成粉末。断电后倒出板栗肉末，盛入小碗，待用。
4 选择"干磨"功能，将水发大米打碎。断电后倒出米碎，待用。
5 榨汁机，倒入雪梨，注入适量温开水。选择"榨汁"功能，榨取果汁。断电后倒出榨好的雪梨汁，滤入碗中，待用。
6 砂锅中注入适量清水烧开，倒入食材煮沸即可。

南瓜番茄汤

做法

1 去皮胡萝卜切滚刀块。
2 洗好的苹果切块。
3 洗净的小南瓜切大块，待用。
4 砂锅中注入适量清水烧开，倒入胡萝卜、苹果、小南瓜、小番茄，拌匀。
5 加盖，大火煮开后转小火煮30分钟至熟。
6 揭盖，加入蜂蜜，搅拌片刻至入味。
7 关火后盛出煮好的汤，盛入碗中即可。

材料：小南瓜 230 克、小番茄 70 克、去皮胡萝卜 45 克、苹果 110 克

调料：蜂蜜 30 克

绿豆芽韭菜汤

做法

1 热锅注油烧热，放入韭菜段，炒香，倒入洗净的绿豆芽，炒匀炒香，加入备好的高汤，用勺拌匀，用大火煮约 1 分钟至食材熟透，加鸡粉、盐调味，拌煮片刻至食材入味。
2 关火后盛出煮好的汤即可。

材料：韭菜段 60 克、绿豆芽 70 克、高汤适量

调料：鸡粉 2 克、盐 2 克、食用油适量

番茄豆腐汤

🍲 **材料**：豆腐 180 克、番茄块 150 克、葱花少许

🥣 **调料**：盐 2 克、鸡粉 2 克、番茄酱少许

🍴 **做法**

1 锅中注入适量清水烧开，倒入豆腐块，拌匀，煮约 2 分钟。
2 捞出氽煮好的豆腐块，装盘备用。
3 锅中注入适量清水烧开，倒入番茄块，搅拌均匀，加入盐、鸡粉。
4 盖上盖，煮约 2 分钟。
5 加入少许番茄酱，搅拌均匀。
6 倒入氽煮好的豆腐，拌匀。
7 盖上盖，煮约 1 分钟至熟。
8 揭开盖，搅拌均匀，盛出煮好的汤，盛入碗中，撒上葱花即可。

安神莲子汤

🍲 **材料**：木瓜 50 克、水发莲子 30 克、百合少许

🥣 **调料**：白糖少许

🍴 **做法**

1 洗净去皮的木瓜切成厚片，再切成块，备用。
2 锅中注入适量清水烧热，放入切好的木瓜，倒入水发莲子拌匀，盖上盖子，烧开后转小火煮 10 分钟至食材熟软，揭开盖子，将百合倒入锅中拌匀，加入少许白糖，搅拌均匀至入味。
3 将煮好的汤盛出，盛入碗中即可。

木耳芝麻甜汤

🍃**材料：** 水发珍珠木耳 150 克、黑芝麻 30 克

🥄**调料：** 白糖 6 克

🍴**做法**

1 砂锅中注入适量清水烧开，放入水发珍珠木耳、黑芝麻，拌匀。

2 加盖，大火煮开后转小火煮 35 分钟至熟透。

3 揭盖，加入白糖。

4 稍稍搅拌至入味。

5 关火后盛出煮好的汤，盛入碗中即可。

 ## 番茄面包鸡蛋汤

🍃**材料：** 番茄 95 克、面包片 30 克、高汤 200 毫升、鸡蛋 1 个

🍴**做法**

1 鸡蛋打入碗中。

2 用筷子打散，调匀。

3 汤锅中注入适量清水烧开，放入番茄，烫煮 1 分钟。

4 把焯过水的番茄取出。

5 面包片去边，切条，再改切成粒。

6 番茄去皮，对半切开，去蒂，切成小块。

7 将高汤倒入汤锅中烧开。

8 下入切好的番茄。

9 盖上锅盖，用中火煮 3 分钟至熟。

10 打开盖子，倒入面包片，搅拌匀。

11 倒入备好的蛋液，拌匀煮沸。

12 将煮好的汤盛入碗中即可。

豆腐海带汤

🌱**材料**：豆腐 170 克、水发海带 120 克、姜丝适量

🥘**调料**：盐 3 克、胡椒粉 2 克、鸡粉 3 克

🍴**做法**

1 将洗净的豆腐切开，改切条形，再切小方块；水发海带切成段，打成结。

2 锅中注入适量清水烧开，撒上姜丝，倒入豆腐块，再放入海带结，拌匀，用大火煮约5分钟至食材熟透。

3 加入盐、鸡粉，撒上胡椒粉，拌匀，略煮一会儿至汤汁入味。

4 关火后盛出煮好的汤料，盛入碗中即可。

 ## 枸杞子白菜汤

🌱**材料**：白菜 1 颗、水发枸杞子 10 克

🥘**调料**：盐 2 克

🍴**做法**

1 将白菜洗净，切成小瓣；水发枸杞子冲洗干净。

2 锅中注水烧开，放入白菜瓣，煮至熟软，倒入水发枸杞子，再撒上盐，续煮 2 分钟即可。

番茄面片汤

🌱**材料**：番茄 90 克、馄饨皮 100 克、鸡蛋 1 个、姜片少许、葱段少许

🥄**调料**：盐 2 克、鸡粉少许、食用油适量

🍴**做法**

1 备好的馄饨皮沿对角线切开，制成生面片，待用。

2 洗好的番茄切开，再切小瓣；把鸡蛋打入碗中，搅散，调成蛋液，待用。

3 用油起锅，放入姜片、葱段，爆香。

4 盛出姜片、葱段，倒入切好的番茄，炒匀，注入适量清水。

5 用大火煮约 2 分钟，至汤水沸腾，倒入生面片搅散，转中火煮约 4 分钟，至食材熟透。

6 倒入蛋液，拌匀，至液面浮现蛋花。

7 加入盐、鸡粉，拌匀调味。

8 关火后盛出煮好的面片，盛入碗中即可。

猪血韭菜豆腐汤

🌱**材料**：韭菜 85 克、豆腐 140 克、黄豆芽 70 克、高汤 300 毫升、猪血 150 克

🥄**调料**：盐 2 克、鸡粉 2 克、白胡椒粉 2 克、芝麻油 5 毫升

🍴**做法**

1 洗净的豆腐切块。

2 处理好的猪血切小块；洗好的韭菜切段。

3 洗净的黄豆芽切段，待用。

4 深锅置于火上，倒入高汤。

5 加盖，大火烧开。

6 揭盖，倒入豆腐块、猪血块，拌匀。

7 加盖，大火再次煮沸。

8 揭盖，放入黄豆芽段、韭菜段，拌匀。

9 煮约 3 分钟至熟。

10 加入盐、鸡粉、白胡椒粉、芝麻油。

11 稍稍搅拌至入味。

12 关火后盛出煮好的汤，盛入碗中即可。

COOKING 清淡米汤

🍴做法

1 砂锅中注入适量清水烧开，倒入水发大米，搅拌均匀，盖上盖，烧开后用小火煮20分钟，至米粒熟软。
2 揭盖，搅拌均匀。
3 将煮好的粥滤入碗中，待米汤稍微冷却后即可。

🥬**材料**：水发大米90克

COOKING 番茄疙瘩汤

🍴做法

1 洗净的番茄对半切开，去蒂，切小块。
2 20毫升清水分4次倒入面粉中，一边倒水一边拌匀。
3 拌至出现面疙瘩，待用。
4 用油起锅，倒入葱段，稍稍爆香。
5 放入切好的番茄，翻炒数下。
6 加入生抽。
7 注入适量清水至没过番茄。
8 煮约2分钟至汤汁沸腾。
9 倒入面疙瘩。
10 搅拌均匀。
11 加入盐、鸡粉。
12 鸡蛋液搅匀，倒入锅中。
13 撒入胡椒粉。
14 搅匀调味。
15 关火后盛出装碗，撒上洗净的香菜即可。

🥬**材料**：番茄100克、鸡蛋液70克、面粉180克、香菜少许、葱段少许

🥄**调料**：盐1克、鸡粉1克、胡椒粉2克、生抽5毫升、食用油适量

胡萝卜番茄汤

做法

1 洗净去皮的胡萝卜切薄片，洗好的番茄切片，鸡蛋打入碗中，搅拌均匀待用。

2 锅中倒入适量食用油烧热，放入姜丝爆香，倒入胡萝卜片、番茄片炒匀，注入适量清水，盖上锅盖，用中火煮3分钟，加入盐、鸡粉，搅拌均匀至食材入味。

3 倒入备好的蛋液，边倒边搅拌，至蛋花成形，关火后盛出煮好的汤，盛入碗中，撒上葱花即可。

材料：胡萝卜30克、番茄120克、鸡蛋1个、姜丝少许、葱花少许

调料：盐少许、鸡粉2克、食用油适量

三鲜豆腐汤

做法

1 豆腐洗净切块；小蘑菇洗干净；虾仁洗净备用。

2 锅起油烧热，下入虾仁翻炒至变色，加入蘑菇继续翻炒。

3 加入清水500毫升，下入豆腐煮至水开。

4 加盐、鸡粉、生抽、老抽调味。

5 装盘撒上葱花即可食用。

材料：豆腐1块，虾仁50克，小蘑菇100克，葱花少许

调料：盐2克，鸡粉2克，生抽3毫升，老抽1毫升

菠菜豆腐汤

材料：菠菜 120 克、豆腐 200 克、水发海带 150 克

调料：盐 2 克

做法

1 水发海带划开，切成小块，备用，洗好的菠菜切段，洗净的豆腐切条，再切成小方块，备用。

2 锅中注入适量清水烧开，倒入切好的海带、豆腐，拌匀，用大火煮 2 分钟，倒入菠菜，拌匀，略煮片刻至其断生，加入盐，拌匀，煮至入味。

3 关火后盛出煮好的汤即可。

 葱白炖姜汤

材料：姜片 10 克、葱白 20 克

调料：红糖适量。

做法

1 砂锅中注入适量清水烧热。

2 倒入备好的姜片、葱白，拌匀。

3 盖上盖，烧开后用小火煮约 20 分钟至熟。

4 揭开盖，放入红糖，搅拌匀。

5 关火后盛出煮好的汤即可。

PART 7

甜汤

蜜枣枇杷雪梨汤

🌿 **材料**：雪梨 2 个、枇杷 100 克、蜜枣 35 克

🥣 **调料**：冰糖 30 克

做法

1 洗净去皮的雪梨切瓣，去核，把果肉切成小块。
2 洗好的枇杷切去头尾，去除果皮，把果肉切成小块。
3 将蜜枣对半切开，备用。
4 砂锅中注入适量清水烧热，放入蜜枣、枇杷、雪梨。
5 盖上盖，烧开后用小火煮约 20 分钟。
6 揭开盖，倒入冰糖。
7 搅拌匀，用大火煮至冰糖溶化。
8 关火后盛出煮好的雪梨汤即可。

枇杷银耳汤

🌿 **材料**：枇杷 100 克、水发银耳 260 克

🥣 **调料**：白糖适量

做法

1 洗净的枇杷去除头尾，去皮，把果肉切开，去核，切成小块。
2 水发银耳切去根部，再切成小块，备用。
3 锅中注入适量清水烧开，倒入枇杷、水发银耳，搅拌均匀。
4 盖上盖，烧开后用小火煮约 30 分钟至食材熟透。
5 揭开盖，加入白糖拌匀，用大火略煮片刻至其溶化，关火后盛出煮好的枇杷银耳汤即可。

银耳雪梨汤

🍴 **做法**

1 水发银耳切成小朵。
2 去皮洗净的雪梨切成小块。
3 汤锅中倒入适量清水，撒上少许食粉。
4 放入水发银耳煮沸。
5 捞出水发银耳沥干备用。
6 另起锅注入适量清水烧热，倒入雪梨，再放入煮过的水发银耳。
7 加入白糖搅拌至白糖溶化。
8 用小火煮约15分钟至材料熟透。
9 盛入碗中即可。

🌱 **材料**：雪梨2个、水发银耳150克

🥣 **调料**：白糖35克、食粉少许

银耳雪梨白萝卜汤

🍴 **做法**

1 去皮洗净的雪梨切瓣，去核，再切成小块。
2 洗好去皮的白萝卜对半切开，切条，改切成小块。
3 水发银耳切去黄色根部，再切成小块。
4 砂锅中注入适量清水烧开。
5 放入切好的白萝卜，加入雪梨块，倒入切好的水发银耳。
6 盖上盖，烧开后，用小火炖30分钟，至食材熟软。
7 揭开盖，放入冰糖，搅拌均匀。
8 盖上盖，煮5分钟，至冰糖溶化。
9 揭盖，盛出煮好的汤，盛入汤碗中即可。

🌱 **材料**：水发银耳120克、雪梨1个、白萝卜180克

🥣 **调料**：冰糖40克

香蕉牛奶甜汤

做法

1 香蕉去皮，切成小块，备用。
2 锅中注入适量清水烧开，将香蕉倒入锅中，搅拌片刻，盖上锅盖，用小火煮7分钟，揭开锅盖，倒入备好的牛奶，加入适量白糖，搅拌片刻至其溶化。
3 将煮好的香蕉牛奶甜汤盛出，盛入碗中即可。

材料： 香蕉60克、牛奶少许、白糖适量

 # 百合葡萄糖水

做法

1 洗净的葡萄剥去果皮，果肉盛入小碗中，待用。
2 砂锅中注入适量清水烧开，放入鲜百合，放入备好的葡萄，盖上盖，煮沸后转小火煮约10分钟，至食材析出营养物质。
3 取下盖子，倒入冰糖，搅拌匀，用大火续煮至糖分完全溶化，关火后盛出煮好的百合葡萄糖水，盛入汤碗中即可。

材料： 葡萄100克、鲜百合80克
调料： 冰糖20克

马齿苋薏米绿豆汤

🥬材料：马齿苋 40 克、水发绿豆 75 克、水发薏米 50 克

🥄调料：冰糖 35 克

🍴做法

1 洗净的马齿苋切段，备用。
2 砂锅中注入适量清水烧热，倒入水发薏米、水发绿豆拌匀，盖上盖，烧开后用小火煮约 30 分钟。
3 揭盖，倒入马齿苋，拌匀，盖上盖，用中火煮约 5 分钟。
4 揭盖，倒入冰糖，拌匀，煮至溶化，关火后盛出煮好的汤即可。

菱角薏米汤

🥬材料：水发薏米 130 克、菱角肉 100 克

🥄调料：白糖 3 克

🍴做法

1 砂锅中注入适量清水烧热，倒入水发薏米。
2 盖盖，大火烧开后改小火煮约 35 分钟，至米粒变软。
3 揭盖，搅拌几下，再倒入洗净的菱角肉。
4 转中火，加入白糖，搅拌匀，煮约 3 分钟，至糖分溶化。
5 关火后盛出煮好的汤，盛入碗中即可。

冰糖梨子炖银耳

材料：水发银耳 150 克、去皮雪梨半个、大枣 5 颗

调料：冰糖 8 克

做法

1 水发银耳去除根部，切小块；去皮雪梨取果肉切小块。

2 取出电饭锅，打开盖子，通电后倒入切好的水发银耳，放入切好的雪梨，倒入洗净的大枣和冰糖，加入适量清水至没过食材。

3 盖上盖子，按下"功能"键，调至"甜品汤"功能，煮 2 小时至食材熟软入味，完成后打开盖子搅拌一下，断电后将煮好的甜品汤盛出即可。

莲子百合汤

材料：鲜百合 35 克、水发莲子 50 克

调料：白糖适量

做法

1 水发莲子用牙签将莲子心挑去。

2 锅中注水烧开，倒入水发莲子，加盖焖煮至熟透，加入白糖拌匀，再加入洗净的鲜百合煮沸。

3 将水发莲子、鲜百合盛入汤盅，放入已预热好的蒸锅，加盖，用慢火蒸 30 分钟后取出即可。

番石榴银耳枸杞子糖水

🍴做法

1 水发银耳切成小块；洗净的番石榴对半切开，改切成小块。

2 砂锅中注入适量清水烧开，放入切好的番石榴、水发银耳，用勺搅拌均匀，改用小火，盖上盖，煮15分钟至食材熟软。

3 揭盖，放入冰糖，煮至溶化，放入洗净的枸杞子，搅拌均匀，将煮好的糖水盛出，盛入汤碗中即可。

🌿材料：番石榴 120 克、水发银耳 100 克、枸杞子 15 克

调料：冰糖 40 克

桑葚莲子银耳汤

🍴做法

1 水发银耳切成小块，备用。

2 砂锅中注入适量清水烧开，倒入桑葚干。

3 盖上盖，用小火煮 15 分钟，至其析出营养物质。

4 揭开盖，捞出桑葚干后倒入水发莲子，加入切好的水发银耳。

5 盖上盖，用小火再煮 20 分钟，至食材熟透。

6 揭盖，倒入冰糖，搅拌均匀。

7 用小火煮至冰糖溶化。

8 关火后将煮好的汤盛出，盛入碗中即可。

🌿材料：桑葚干 5 克、水发莲子 70 克、水发银耳 120 克

调料：冰糖 30 克

椰奶花生汤

材料：花生 100 克、去皮芋头 150 克、牛奶 200 毫升、椰奶 150 毫升、白砂糖 30 克

做法

1 去皮芋头切厚片，切粗条，改切成块。

2 锅中注入适量清水烧开，倒入花生、芋头，拌匀，盖上盖，用大火煮开后转小火续煮 40 分钟至食材熟软，揭盖，倒入牛奶、椰奶，拌匀。

3 盖上盖，用大火煮开后，加入白砂糖，搅拌至溶化，关火后盛出煮好的汤，盛入碗中即可。

核桃花生双豆汤

材料：排骨块 155 克、核桃 70 克、水发红豆 45 克、花生米 55 克、水发眉豆 70 克

调料：盐 2 克

做法

1 锅中注入适量清水烧开，放入洗净的排骨块，汆煮片刻后捞出沥水，盛入盘中，待用。

2 砂锅中注入适量清水烧开，倒入排骨块、水发眉豆、核桃、花生米、水发红豆，拌匀，加盖，大火煮开后转小火煮 3 小时至熟。

3 揭盖，加入盐，稍稍搅拌至入味，关火后盛出煮好的汤，盛入碗中即可。

罗汉果银耳炖雪梨

🌱**材料**：罗汉果 35 克、雪梨 2 个、枸杞子 10 克、水发银耳 120 克

🍶**调料**：冰糖 20 克

🍴**做法**

1 水发银耳切小块，备用。
2 洗净的雪梨去皮，去核，切块，切瓣，再切成丁。
3 砂锅中注入适量清水烧开，放入洗好的枸杞子、罗汉果。
4 倒入切好的雪梨，放入水发银耳。
5 盖上盖，烧开后用小火炖 20 分钟，至食材熟透。
6 揭开盖，放入冰糖。
7 拌匀，略煮片刻，至冰糖溶化。
8 关火后盛出煮好的糖水，盛入碗中即可。

火龙果银耳糖水

🌱**材料**：火龙果 150 克、水发银耳 100 克、冰糖 30 克、大枣 20 克、枸杞子 10 克、食粉少许

🍴**做法**

1 水发银耳切去根部，再切成小块；火龙果切丁备用。
2 锅中注水烧开，撒上少许食粉，倒入切好的水发银耳拌匀，用大火煮约 1 分钟，捞出焯煮好的水发银耳，沥水装盘待用。
3 锅中注水烧开，倒入洗净的大枣、枸杞子，放入焯过水的银耳，盖上盖，烧开后用小火煮约 20 分钟至食材熟软，揭盖，倒入切好的火龙果肉，撒上冰糖，搅拌均匀，转中火续煮片刻，至冰糖完全溶化，关火后盛出煮好的糖水，盛入汤碗即可。

甘蔗雪梨糖水

‖‖ 做法

1 将洗净去皮的甘蔗切小段，再拍裂。
2 洗净的雪梨去除果核，再把果肉切瓣，改切成丁。
3 砂锅中注入适量清水，用大火烧开。
4 倒入切好的甘蔗、雪梨。
5 盖上盖，煮沸后用小火煮约15分钟，至食材熟软。
6 揭盖，搅拌几下，用中火续煮片刻。
7 盛入汤碗中，待稍微放凉后即可饮用。

🌱 **材料**：甘蔗200克、雪梨1个

 ## 红豆薏米银耳糖水

‖‖ 做法

1 水发银耳切去黄色的根部，切碎；胡萝卜去皮切片，切成细条，改切成丁。
2 往焖烧罐中倒入水发薏米、水发红豆、胡萝卜丁、水发银耳，注入刚煮沸的清水至八分满，旋紧盖子，摇晃片刻，静置1分钟，使得食材和焖烧罐充分预热，揭盖，将焖烧罐中的水倒入备好的碗中，接着往焖烧罐中倒入冰糖，再次注入刚煮沸的清水至八分满。
3 旋紧盖子，闷3个小时，揭盖，将闷好的糖水盛入碗中即可。

🌱 **材料**：水发薏米30克、水发红豆20克、水发银耳40克、胡萝卜50克

◎ **调料**：冰糖30克

枇杷糖水

做法

1 洗净的枇杷去除头尾，切开，去核，切成小瓣，去除果皮，备用。
2 砂锅中注入适量清水烧开，倒入切好的枇杷。
3 盖上盖，烧开后用小火煮约 10 分钟。
4 揭开盖，倒入冰糖。
5 拌匀，略煮一会儿，至其溶化。
6 关火后盛出煮好的糖水即可。

材料：枇杷 160 克

调料：冰糖 30 克

 ## 银耳大枣糖水

做法

1 泡发好的银耳切去根部，用手掰成小朵，取杯子，倒入银耳、大枣，加入冰糖，放入枸杞子，注入适量的清水，盖上食品保鲜膜。
2 电蒸锅注水烧开，将杯子放入，盖上锅盖，定时蒸 45 分钟。
3 待时间到揭开盖，将其取出，揭去食品保鲜膜即可。

材料：银耳 50 克、大枣 20 克、枸杞子 5 克

调料：冰糖 15 克

PART 8

果汁

香甜西瓜汁

做法

1 西瓜肉切小块。
2 取榨汁机，选择"搅拌"刀座组合，放入西瓜块。
3 加入矿泉水。
4 盖上盖，选择"榨汁"功能，榨取西瓜汁。
5 把榨好的西瓜汁倒入杯中即可。

🌿**材料：**西瓜肉 400 克、矿泉水 200 毫升

苹果番茄汁

做法

1 洗净的苹果切开，去除果核，削去果皮，切小瓣，改切成小丁块，备用。
2 番茄切丁。
3 取榨汁机，选择"搅拌"刀座组合，倒入切好的番茄、苹果。
4 注入少许温开水。
5 加入适量白糖，盖上盖。
6 选择"榨汁"功能，榨取蔬果汁。
7 将榨好的汁盛入杯中即可。

🌿**材料：**番茄 300 克、苹果 400 克
🥣**调料：**白糖适量

菠萝荔枝饮

做法
1 将洗净的菠萝切开,切成小丁块,备用。
2 荔枝去皮去核,将肉切成丁。
3 取榨汁机,选择"搅拌"刀座组合,倒入切好的菠萝、荔枝。
4 注入少许温开水。
5 加入适量白糖,盖上盖。
6 选择"榨汁"功能,榨取果汁。
7 将榨好的果汁盛入杯中即可。

🌿**材料：** 菠萝 300 克、荔枝 300 克
🍵**调料：** 白糖适量

番茄芹菜莴笋汁

做法
1 将洗净的番茄切开,切成小丁块,备用。
2 芹菜切成丁；莴笋切丁。
3 取榨汁机,选择"搅拌"刀座组合,倒入切好的食材。
4 注入少许温开水。
5 加入适量白糖,盖上盖。
6 选择"榨汁"功能,榨取蔬菜汁。
7 将榨好的汁盛入杯中即可。

🌿**材料：** 番茄 300 克、芹菜 100 克、莴笋 200 克
🍵**调料：** 白糖适量

桃子芒果汁

做法

1 洗净的桃子切成块；芒果切块。
2 取榨汁机，选择"搅拌"刀座组合，倒入切好的食材。
3 注入少许温开水。
4 加入适量白糖，盖上盖。
5 选择"榨汁"功能，榨取果汁。
6 将榨好的果汁盛入杯中即可。

材料：桃子 300 克、芒果 200 克

调料：白糖适量

 # 柑橘蜂蜜汁

做法

1 将洗净的柑橘剥去皮，将肉切成块，备用。
2 取榨汁机，选择"搅拌"刀座组合，倒入切好的食材。
3 注入少许温开水。
4 加入适量蜂蜜，盖上盖。
5 选择"榨汁"功能，榨取果汁。
6 将榨好的果汁盛入杯中即可。

材料：柑橘 300 克、蜂蜜 40 克

胡萝卜蜂蜜雪梨汁

材料： 胡萝卜300克、蜂蜜40克、雪梨肉200克

做法

1 洗净的胡萝卜切成块；雪梨肉切成块。
2 取榨汁机，选择"搅拌"刀座组合，倒入切好的食材。
3 注入少许温开水。
4 加入适量蜂蜜，盖上盖。
5 选择"榨汁"功能，榨取蔬果汁。
6 将榨好的汁盛入杯中即可。

 # 胡萝卜红薯汁

材料： 胡萝卜300克、红薯100克
调料： 白糖适量

做法

1 洗净的胡萝卜切成块；红薯切块。
2 取榨汁机，选择"搅拌"刀座组合，倒入切好的食材。
3 注入少许温开水。
4 加入适量白糖，盖上盖。
5 选择"榨汁"功能，榨汁。
6 将榨好的汁盛入杯中即可。

胡萝卜芹菜汁

做法

1 洗净的胡萝卜切成块；芹菜切段。
2 取榨汁机，选择"搅拌"刀座组合，倒入切好的食材。
3 注入少许温开水。
4 加入适量白糖，盖上盖。
5 选择"榨汁"功能，榨取蔬菜汁。
6 将榨好的汁盛入杯中即可。

材料：胡萝卜300克、芹菜100克
调料：白糖适量

 # 黄瓜苦瓜蜂蜜汁

做法

1 洗净的黄瓜切成块；苦瓜切段。
2 取榨汁机，选择"搅拌"刀座组合，倒入切好的食材。
3 注入少许温开水。
4 加入适量蜂蜜，盖上盖。
5 选择"榨汁"功能，榨汁。
6 将榨好的汁盛入杯中即可。

材料：黄瓜300克、苦瓜100克
调料：蜂蜜适量

黄瓜芹菜蜂蜜汁

🍴 **做法**

1 洗净的黄瓜切成块；芹菜切段。
2 取榨汁机，选择"搅拌"刀座组合，倒入切好的食材。
3 注入少许温开水。
4 加入适量蜂蜜，盖上盖。
5 选择"榨汁"功能，榨取蔬菜汁。
6 将榨好的汁盛入杯中即可。

🥄 **材料**：黄瓜 300 克、芹菜 100 克
📖 **调料**：蜂蜜适量

 ## 苦瓜黄瓜汁

🍴 **做法**

1 洗净的黄瓜切成块；苦瓜切段。
2 取榨汁机，选择"搅拌"刀座组合，倒入切好的食材。
3 注入少许温开水。
4 加入适量白糖，盖上盖。
5 选择"榨汁"功能，榨取蔬菜汁。
6 将榨好的汁盛入杯中即可。

🥄 **材料**：苦瓜 300 克、黄瓜 200 克
📖 **调料**：白糖适量

荔枝柠檬汁

🌿**材料：**荔枝 300 克、柠檬汁少许

🥄**调料：**白糖适量

🍴**做法**

1 洗净的荔枝取肉，将肉切成块，备用。
2 取榨汁机，选择"搅拌"刀座组合，倒入切好的食材。
3 注入少许温开水。
4 加入适量白糖，加上柠檬汁，盖上盖。
5 选择"榨汁"功能，榨取果汁。
6 将榨好的果汁盛入杯中即可。

 # 猕猴桃香蕉苹果汁

🌿**材料：**香蕉 300 克、猕猴桃 300 克、苹果 200 克

🥄**调料：**蜂蜜适量

🍴**做法**

1 洗净的香蕉切成块；猕猴桃去皮切块；苹果切块。
2 取榨汁机，选择"搅拌"刀座组合，倒入切好的食材。
3 注入少许温开水。
4 加入适量蜂蜜，盖上盖。
5 选择"榨汁"功能，榨取果汁。
6 将榨好的果汁盛入杯中即可。

柠檬蜂蜜汁

做法

1 将洗净的柠檬去子,切成块,备用。
2 取榨汁机,选择"搅拌"刀座组合,倒入切好的食材。
3 注入少许温开水。
4 加入适量蜂蜜,盖上盖。
5 选择"榨汁"功能,榨取果汁。
6 将榨好的果汁盛入杯中即可。

材料: 柠檬 300 克

调料: 蜂蜜适量

葡萄汁

做法

1 洗净的葡萄去子,切成块,备用。
2 取榨汁机,选择"搅拌"刀座组合,倒入切好的食材。
3 注入少许温开水。
4 加入适量白糖,盖上盖。
5 选择"榨汁"功能,榨取葡萄汁。
6 将榨好的果汁盛入杯中即可。

材料: 葡萄 300 克

调料: 白糖适量

猕猴桃汁

做法
1 洗净的猕猴桃去皮切块。
2 取榨汁机，选择"搅拌"刀座组合，倒入切好的食材。
3 注入少许温开水。
4 加入适量蜂蜜，盖上盖。
5 选择"榨汁"功能，榨取猕猴桃汁。
6 将榨好的猕猴桃汁盛入杯中即可。

材料：猕猴桃 300 克

调料：蜂蜜适量

 # 柠檬芹菜汁

做法
1 柠檬去子，切成块；芹菜切块。
2 取榨汁机，选择"搅拌"刀座组合，倒入切好的食材。
3 注入少许温开水。
4 加入适量蜂蜜，盖上盖。
5 选择"榨汁"功能，榨取蔬果汁。
6 将榨好的汁盛入杯中即可。

材料：柠檬 300 克、芹菜 200 克

调料：蜂蜜适量

苹果蜂蜜汁

做法
1 将苹果去子，切成块，备用。
2 取榨汁机，选择"搅拌"刀座组合，倒入切好的食材。
3 注入少许温开水。
4 加入适量蜂蜜，盖上盖。
5 选择"榨汁"功能，榨取果汁。
6 将榨好的果汁盛入杯中即可。

材料：苹果 300 克

调料：蜂蜜适量

 葡萄梨子汁

做法
1 将葡萄去子，切成块；梨肉切段。
2 取榨汁机，选择"搅拌"刀座组合，倒入切好的食材。
3 注入少许温开水。
4 加入适量蜂蜜，盖上盖。
5 选择"榨汁"功能，榨取果汁。
6 将榨好的果汁盛入杯中即可。

材料：葡萄 100 克、梨肉 200 克

调料：蜂蜜适量

芹菜西蓝花汁

材料： 芹菜 300 克、西蓝花 200 克

调料： 蜂蜜适量

做法

1 西蓝花切成块；芹菜切段。
2 取榨汁机，选择"搅拌"刀座组合，倒入切好的食材。
3 注入少许温开水。
4 加入适量蜂蜜，盖上盖。
5 选择"榨汁"功能，榨取蔬菜汁。
6 将榨好的汁盛入杯中即可。

 # 芹菜杨桃汁

材料： 芹菜 300 克、杨桃 200 克

调料： 蜂蜜适量

做法

1 芹菜切成块；杨桃切块。
2 取榨汁机，选择"搅拌"刀座组合，倒入切好的食材。
3 注入少许温开水。
4 加入适量蜂蜜，盖上盖。
5 选择"榨汁"功能，榨取蔬果汁。
6 将榨好的汁盛入杯中即可。

葡萄桑葚蓝莓汁

做法

1 葡萄去子，切成块；桑葚切段；蓝莓去蒂洗净。
2 取榨汁机，选择"搅拌"刀座组合，倒入切好的食材。
3 注入少许温开水。
4 加入适量蜂蜜，盖上盖。
5 选择"榨汁"功能，榨取果汁。
6 将榨好的果汁盛入杯中即可。

🌱**材料**：葡萄 300 克、桑葚 200 克、蓝莓 100 克

🍯**调料**：蜂蜜适量

莴笋苹果汁

做法

1 莴笋切成块；苹果切块。
2 取榨汁机，选择"搅拌"刀座组合，倒入切好的食材。
3 注入少许温开水。
4 加入适量蜂蜜，盖上盖。
5 选择"榨汁"功能，榨取蔬果汁。
6 将榨好的汁盛入杯中即可。

🌱**材料**：莴笋 300 克、苹果适量

🍯**调料**：蜂蜜适量

西蓝花菠菜汁

做法

1 将西蓝花切成块；菠菜切段。
2 取榨汁机，选择"搅拌"刀座组合，倒入切好的食材。
3 注入少许温开水。
4 加入适量白糖，盖上盖。
5 选择"榨汁"功能，榨取蔬菜汁。
6 将榨好的汁盛入杯中即可。

材料： 西蓝花 300 克、菠菜 100 克

调料： 白糖适量

 ## 芒果姜汁

做法

1 洗净的芒果切成块；姜片切块。
2 取榨汁机，选择"搅拌"刀座组合，倒入切好的食材。
3 注入少许温开水。
4 加入适量白糖，盖上盖。
5 选择"榨汁"功能，榨汁。
6 将榨好的汁盛入杯中即可。

材料： 芒果 300 克、姜片 70 克

调料： 白糖适量

桑葚汁

做法
1 洗净的桑葚切块。
2 取榨汁机，选择"搅拌"刀座组合，倒入切好的食材。
3 注入少许温开水。
4 加入适量白糖，盖上盖。
5 选择"榨汁"功能，榨取果汁。
6 将榨好的果汁盛入杯中即可。

🌿**材料**：桑葚 300 克
🥄**调料**：白糖适量

 玉米汁

做法
1 砂锅中注入适量清水烧开。
2 倒入洗净的玉米粒，搅拌均匀。
3 加入白糖，用火煮约 5 分钟，至食材断生。
4 关火后捞出熟玉米粒，待用。
5 取榨汁机，选择"搅拌"刀座组合。
6 倒入煮好的玉米粒，注入适量纯净水，盖上盖。
7 选择"榨汁"功能，榨约 1 分钟，至食材榨出汁水。
8 断电后倒出玉米汁，倒在杯中即可。

🌿**材料**：玉米粒 300 克
🥄**调料**：白糖适量

雪梨枇杷汁

做法

1 洗净的枇杷切去头尾，去皮，把果肉切开，去核，将果肉切成小块。
2 洗好去皮的雪梨切开，切成小瓣，去核，把果肉切成小块，备用。
3 取榨汁机，选择"搅拌"刀座组合，倒入切好的雪梨、枇杷。
4 注入适量矿泉水，盖上盖。
5 选择"榨汁"功能，榨取果汁。
6 断电后倒出果汁，倒入杯中即可。

材料： 雪梨 300 克、枇杷 60 克

苹果梨子汁

做法

1 将苹果、梨洗净，去蒂，再切成片。
2 将切好的食材放入榨汁机中。
3 加入冷开水榨成汁，倒入杯中，加白糖后搅拌均匀即可。

材料： 苹果 200 克、梨 200 克

调料： 白糖适量

香蕉哈密瓜汁

做法

1 香蕉去皮，切段；荔枝去壳去核，洗净。

2 哈密瓜去皮去子，切块洗净。

3 将食材一同放入榨汁机中，加入少许纯净水榨汁，倒入杯中，加适量白糖搅拌均匀即可。

🌱**材料**：香蕉 1 根、荔枝 4 个、哈密瓜适量

🥄**调料**：白糖适量

桑葚醋

做法

1 桑葚洗净晾干。

2 取一干净且干燥的玻璃罐，将桑葚、陈醋加入，盖好密封。

3 静置在阴凉处 3 ~ 4 个月，饮用时需用凉开水稀释 8~10 倍，加适量白糖搅拌即可，饭后饮用。

🌱**材料**：桑葚 800 克、陈醋 1000 毫升

🥄**调料**：白糖适量

葡萄胡萝卜汁

🌱**材料**：葡萄 75 克、胡萝卜 50 克

🥄**调料**：白糖适量

🍴 **做法**

1 洗净的胡萝卜切开，切条形，改切成丁；洗好的葡萄切开，切小瓣。

2 取榨汁机，选择"搅拌"刀座组合，倒入切好的葡萄、胡萝卜，加入适量温开水，盖上盖，选择"榨汁"功能，榨出蔬果汁。

3 断电后，将榨好的蔬果汁倒入杯中，加适量白糖搅拌均匀即可。

 # 苹果樱桃汁

🌱**材料**：苹果 130 克、樱桃 75 克

🥄**调料**：白糖适量

🍴 **做法**

1 洗净去皮的苹果切开，去核，果肉切小块；洗好的樱桃去蒂，切开，去核，备用。

2 取榨汁机，选择"搅拌"刀座组合，倒入备好的苹果、樱桃，注入少许矿泉水，盖好盖子。

3 选择"榨汁"功能，榨取果汁，断电后将果汁倒入杯中，加适量白糖搅拌均匀即可。

樱桃草莓汁

做法

1 洗净的草莓对半切开，切成小瓣。
2 洗净的樱桃对半切开，剔去核，待用。
3 备好榨汁机，倒入草莓、樱桃。
4 倒入适量的凉开水。
5 盖上盖，开始榨汁。
6 待果汁榨好，倒入杯中。
7 淋上备好的蜂蜜，即可饮用。

材料：草莓 95 克、樱桃 100 克、蜂蜜 30 克

草莓桑葚果汁

做法

1 洗净去蒂的草莓对半切开，待用，备好榨汁机，倒入草莓、桑葚，再挤入柠檬汁，倒入少许纯净水。
2 盖上盖，榨取果汁，将榨好的果汁倒入杯中，再淋上备好的蜂蜜即可。

材料：草莓 100 克、桑葚 30 克、柠檬 3 0 克、蜂蜜 20 克

芦笋葡萄柚汁

🍴 做法

1 洗净的芦笋切小段。
2 葡萄柚切瓣，去皮，再切块，待用。
3 将切好的葡萄柚和芦笋倒入榨汁机中。
4 倒入 80 毫升凉开水。
5 盖上盖，启动榨汁机，榨约 15 秒成蔬果汁。
6 断电后将蔬果汁倒入杯中，加适量白糖搅拌均匀即可。

🌿 **材料**：芦笋 2 根、葡萄柚半个

🥄 **调料**：白糖适量

 ## 苦瓜苹果汁

🍴 做法

1 锅中注入适量清水烧开，撒上少许食粉，再放入洗净的苦瓜。
2 搅拌均匀，煮约半分钟，待苦瓜断生后捞出，沥干水分，待用。
3 将放凉后的苦瓜切条形，再切丁。
4 洗净的苹果切开，去除果核，改切小瓣，再把果肉切成小块。
5 取榨汁机，选择"搅拌"刀座组合，倒入切好的食材。
6 注入少许矿泉水，盖上盖。
7 通电后选择"榨汁"功能。
8 榨一会儿，将食材榨出汁水。
9 断电后倒出苦瓜苹果汁，倒入杯中即可。

🌿 **材料**：苹果 180 克、苦瓜 120 克

🥄 **调料**：食粉少许

香蕉葡萄汁

材料： 香蕉 150 克、葡萄 120 克

做法

1 香蕉去皮，果肉切成小块，备用。
2 将葡萄去皮去籽放入榨汁机。
3 加入切好的香蕉，倒入适量纯净水。
4 盖上盖，选择"榨汁"功能，榨取果汁。
5 揭开盖，将果汁倒入杯中即可。

 ## 莴笋莲雾柠檬汁

材料： 去皮莴笋 70 克、莲雾 100 克、柠檬汁 40 毫升

做法

1 去皮莴笋切块。
2 洗净的莲雾切块，待用。
3 榨汁机中倒入莴笋块和莲雾块。
4 加入柠檬汁。
5 注入 80 毫升凉开水。
6 盖上盖，榨约 20 秒成蔬果汁。
7 断电后将蔬果汁倒入杯中即可。

上海青苹果柠檬汁

做法

1 洗净的苹果切瓣，去核，去皮，切成小块。
2 洗净的上海青叶子切碎，待用。
3 备好榨汁机，倒入切好的食材。
4 加入备好的柠檬汁，倒入少许凉开水。
5 盖上盖,启动榨汁机,榨取蔬果汁。
6 将榨好的蔬果汁倒入杯中，放入白糖搅拌均匀即可。

🌿材料：上海青叶子50克、苹果90克、柠檬汁适量

🥄调料：白糖适量

爽口黄瓜汁

做法

1 将洗净的黄瓜切成细条形，再切成丁，备用。
2 取榨汁机，选择"搅拌"刀座组合，倒入黄瓜丁，注入少许纯净水，盖上盖，选择"榨汁"功能，榨取黄瓜汁。
3 断电后倒出黄瓜汁，倒入杯中即可。

🌿材料：黄瓜120克

西瓜番茄汁

做法
1 将西瓜肉切成小块。
2 洗净的番茄切开,切成小瓣,待用。
3 取榨汁机,选择"搅拌"刀座组合,倒入切好的食材。
4 注入少许纯净水,盖上盖。
5 选择"榨汁"功能,榨取蔬果汁。
6 断电后倒出蔬果汁,倒入碗中即可。

材料: 西瓜肉 120 克、番茄 70 克

火龙果牛奶汁

做法
1 火龙果去皮,切成小块。
2 将火龙果放入榨汁机中,倒入牛奶,榨成汁即可。

材料: 火龙果 2 个、牛奶 100 毫升

马蹄雪梨汁

做法

1 洗净去皮的马蹄切小块。
2 洗好的雪梨对半切开，去皮，切成瓣，去核，再切成小块，备用。
3 取榨汁机，选择"搅拌"刀座组合，倒入雪梨，加入马蹄。
4 倒入适量矿泉水。
5 盖上盖，选择"榨汁"功能，榨取果蔬汁。
6 揭开盖，将榨好的马蹄雪梨汁倒入杯中即可。

材料：马蹄 90 克、雪梨 150 克

雪梨汁

做法

1 洗净去皮的雪梨切开，去核，把果肉切成小块，备用。
2 取榨汁机，选择"搅拌"刀座组合，倒入雪梨块。
3 注入适量温开水，盖上盖。
4 选择"榨汁"功能，榨汁。
5 断电后倒出雪梨汁。
6 倒入杯中，撇去浮沫即可。

材料：雪梨 270 克

芹菜苹果汁

材料：苹果 100 克、芹菜 90 克

调料：白糖少许

🍴 做法

1 洗净的芹菜切粒；洗净的苹果切开，去除果核，改切成小瓣，再把果肉切小块。

2 取榨汁机，选择"搅拌"刀座组合，倒入切好的食材，注入少许矿泉水，盖上盖，通电后选择"榨汁"功能，榨出汁。

3 揭开盖，加入少许白糖，盖好盖，再次选择"榨汁"功能，搅拌至白糖溶化，断电后倒出榨好的蔬果汁，倒入碗中即可。

 番石榴牛奶

材料：番石榴 70 克、热牛奶 300 毫升

🍴 做法

1 洗好的番石榴切开，去子，改切成小块，备用。

2 取榨汁机，选择"搅拌"刀座组合。

3 将切好的番石榴放入搅拌杯中。

4 倒入热牛奶。

5 盖好盖，选择"榨汁"功能，榨汁。

6 断电后倒出榨好的果汁，倒入杯中即可。

杨桃香蕉牛奶

做法

1 洗净的香蕉剥去果皮，再切成小块。
2 洗好的杨桃切开，去核，再切成小块，备用。
3 取榨汁机，选择"搅拌"刀座组合，放入杨桃、香蕉。
4 加入牛奶，盖上盖。
5 选择"榨汁"功能，榨汁。
6 断电后倒出果汁即可。

材料： 杨桃 180 克、香蕉 120 克、牛奶 80 毫升

 ## 洛神杨桃汁

做法

1 洗净的杨桃切开，去子，切大块。
2 砂锅中注水烧热，倒入洗好的洛神花。
3 加入冰糖，盖上盖，烧开后转小火煮约 15 分钟至析出有效成分。
4 揭盖，盛出洛神花汁水，滤入碗中，待用。
5 取榨汁机，选择"搅拌"刀座组合，倒入杨桃。
6 注入煮好的汁水。
7 盖上盖，选择"榨汁"功能，榨汁。
8 断电后倒出杨桃汁，倒入碗中即可。

材料： 杨桃 170 克、冰糖 20 克、洛神花少许

猕猴桃香蕉汁

材料： 猕猴桃 180 克、香蕉 120 克

调料： 蜂蜜适量

🍴做法

1 将猕猴桃、香蕉切成块，备用。
2 取榨汁机，选择"搅拌"刀座组合，倒入切好的食材。
3 注入少许温开水。
4 加入适量蜂蜜，盖上盖。
5 选择"榨汁"功能，榨取果汁。
6 将榨好的果汁盛入杯中即可。

 ## 黄瓜苹果汁

材料： 黄瓜 120 克、苹果 120 克

调料： 蜂蜜适量

🍴做法

1 洗好的黄瓜切条，改切成丁。
2 洗净的苹果切瓣，去核，再切成小块，备用。
3 取榨汁机，选择"搅拌"刀座组合，倒入切好的黄瓜、苹果。
4 倒入适量矿泉水。
5 盖上盖，选择"榨汁"功能，榨取果蔬汁。
6 揭盖，加入适量蜂蜜。
7 盖上盖，选择"榨汁"功能，搅拌均匀。
8 揭开盖，将榨好的果蔬汁倒入杯中即可。

黄瓜雪梨汁

🥗材料： 黄瓜 120 克、雪梨 130 克

🍴 做法

1 洗好的雪梨切瓣，去核，去皮，切小块。
2 洗净的黄瓜切开，再切成条，改切成丁，备用。
3 取榨汁机，选择"搅拌"刀座组合，将切好的雪梨、黄瓜倒入。
4 加入适量矿泉水。
5 盖上盖，选择"榨汁"功能，榨汁。
6 揭开盖，将榨好的果汁倒入杯中即可。

 # 番石榴汁

🥗材料： 番石榴 100 克

🍴 做法

1 将洗净去皮的番石榴对半切开。
2 切成小块，备用。
3 取来备好的榨汁机，选择"搅拌"刀座组合，倒入切好的番石榴。
4 注入适量矿泉水，盖上盖。
5 选择"榨汁"功能，榨取番石榴汁。
6 断电后倒出榨好的汁，倒入玻璃杯中即可。

圣女果甘蔗马蹄汁

🌱**材料：** 圣女果 100 克、去皮马蹄 120 克、甘蔗 110 克

🍴做法

1 去皮马蹄对半切开。
2 处理好的甘蔗切条，再切成小块，待用。
3 备好榨汁机，倒入甘蔗块。
4 倒入适量的凉开水。
5 盖上盖，榨取甘蔗汁。
6 将榨好的甘蔗汁滤入碗中，待用。
7 备好榨汁机，倒入圣女果、马蹄。
8 倒入榨好的甘蔗汁。
9 盖上盖，榨取果汁。
10 打开盖，将榨好的果汁倒入杯中即可。

番茄菠菜汁

🌱**材料：** 番茄 135 克、柠檬片 30 克、菠菜 70 克

🥄**调料：** 盐少许

🍴做法

1 洗净的菠菜去除根部，切小段。
2 洗好的番茄切小块。
3 取榨汁机，选择"搅拌"刀座组合，倒入菠菜段，放入柠檬片和番茄块。
4 倒入适量纯净水，加入少许盐，盖上盖子。
5 选择"榨汁"功能，榨汁。
6 断电后倒出榨好的汁，倒入杯中即成。

萝卜莲藕汁

材料：白萝卜 120 克、莲藕 120 克

调料：蜂蜜少许

做法

1 洗净的莲藕切厚片，再切条，改切成丁。

2 洗好去皮的白萝卜切厚块，再切条，改切成丁，备用。

3 取榨汁机，选择"搅拌"刀座组合，倒入切好的白萝卜、莲藕。

4 加入适量纯净水。

5 盖上盖，选择"榨汁"功能，榨出蔬菜汁。

6 揭开盖，加入少许蜂蜜。

7 盖上盖，选择"榨汁"功能，搅拌均匀。

8 将榨好的蔬菜汁倒入杯中即可。

 # 百香果果汁

材料：百香果 2 个

调料：白糖适量

做法

1 洗净的百香果对半切开，取出子。

2 取一个杯子，倒入子，加入适量的凉开水，拌匀。

3 加入适量的白糖均匀即可。

牛油果果汁

材料: 牛油果 300 克、薄荷叶适量

做法
1 洗净的牛油果去核，将肉切小块。
2 取榨汁机，选择"搅拌"刀座组合，放入牛油果。
3 加入少许矿泉水。
4 盖上盖，选择"榨汁"功能，榨取牛油果汁。
5 把榨好的汁倒入杯中，点缀上适量的薄荷叶即可。

 芒果汁

材料: 芒果 300 克

做法
1 芒果去皮，将肉切成小块。
2 取榨汁机，选择"搅拌"刀座组合，放入芒果。
3 加入少许矿泉水。
4 盖上盖，选择"榨汁"功能，榨取芒果果汁。
5 把榨好的汁倒入杯中即可。

圣女果汁

做法

1 圣女果对半切开。
2 取榨汁机,选择"搅拌"刀座组合,放入圣女果。
3 加入少许矿泉水。
4 盖上盖,选择"榨汁"功能,榨取果汁。
5 把榨好的汁倒入杯中,加入适量白糖即可。

🌿**材料:**圣女果 200 克

▣**调料:**白糖适量

苹果汁

做法

1 苹果去子,切块。
2 取榨汁机,选择"搅拌"刀座组合,放入苹果。
3 加入少许矿泉水。
4 盖上盖,选择"榨汁"功能,榨取果汁。
5 把榨好的汁倒入杯中即可。

🌿**材料:**苹果 300 克

西瓜百香果汁

做法

1 西瓜切小块。
2 百香果对半切开，取子。
3 备好杯，倒入西瓜肉、百香果子，注入适量凉开水，加入冰块。
4 加入适量的白糖拌匀即可。

材料：西瓜 200 克、百香果 100 克

调料：白糖适量

 ## 蓝莓果汁

做法

1 洗净的蓝莓对半切开。
2 取榨汁机，选择"搅拌"刀座组合，放入蓝莓。
3 加入少许矿泉水。
4 盖上盖，选择"榨汁"功能，榨取果汁。
5 把榨好的汁倒入杯中即可。

材料：蓝莓 300 克

黄瓜养颜水

🍴 做法
1 黄瓜切成薄片。
2 备好杯，倒入黄瓜片，加入适量的凉开水。
3 稍微浸泡即可。

🥬 **材料**：黄瓜 200 克

 柠檬苏打水

🍴 做法
1 柠檬对半切开，去子，取肉切成块。
2 取榨汁机，选择"搅拌"刀座组合，放入柠檬块。
3 加入少许苏打水。
4 盖上盖，选择"榨汁"功能，榨取果汁。
5 将汁倒入杯子中即可。

🥬 **材料**：柠檬 200 克、苏打水少许

草莓果汁

做法
1 草莓去叶，切成块。
2 取榨汁机，选择"搅拌"刀座组合，放入草莓。
3 加入少许凉开水。
4 盖上盖，选择"榨汁"功能，榨取果汁。
5 将果汁倒入杯子中即可。

材料：草莓 300 克

 圣女果芹菜汁

做法
1 圣女果对半切开。
2 芹菜对半切开。
3 取榨汁机，选择"搅拌"刀座组合，放入圣女果、芹菜。
4 加入少许凉开水。
5 盖上盖，选择"榨汁"功能，榨汁。
6 将汁倒入杯子中即可。

材料：圣女果 300 克、芹菜 180 克

西蓝花青柠汁

材料：西蓝花 200 克、青柠 80 克

做法
1 西蓝花切成小朵。
2 青柠对半切开。
3 取榨汁机，选择"搅拌"刀座组合，放入西蓝花。
4 加入少许凉开水，挤入适量的青柠汁。
5 盖上盖，选择"榨汁"功能，榨汁。
6 将汁倒入杯子中即可。

菜菜黄瓜汁

材料：菠菜 300 克、黄瓜 100 克

做法
1 菠菜对半切开。
2 黄瓜切片。
3 取榨汁机，选择"搅拌"刀座组合，放入食材。
4 加入少许凉开水。
5 盖上盖，选择"榨汁"功能，榨汁。
6 将汁倒入杯子中即可。

菠萝香蕉椰子果汁

🍴做法

1 菠萝切块；香蕉切块。
2 取榨汁机，选择"搅拌"刀座组合，放入食材。
3 加入椰子汁。
4 盖上盖，选择"榨汁"功能，榨取果汁。
5 将汁倒入杯子中即可。

🌿**材料：** 菠萝 200 克、香蕉 200 克、椰子汁 200 毫升

樱桃草莓果汁

🍴做法

1 樱桃去核。
2 草莓切块。
3 取榨汁机，选择"搅拌"刀座组合，放入食材。
4 加入少许凉开水。
5 盖上盖，选择"榨汁"功能，榨汁。
6 把榨好的汁倒入杯中即可。

🌿**材料：** 樱桃 200 克、草莓 100 克

PART *9*

奶昔、思慕雪、排毒水

桃果奶昔

🍴做法

1 桃子去皮去核，将肉切成块。
2 取榨汁机，选择"搅拌"刀座组合，放入食材，倒入牛奶。
3 盖上盖，选择"榨汁"功能，榨汁。
4 把榨好的汁倒入杯中，摆上罗勒叶即可。

🌿**材料：**桃子 200 克、牛奶 200 毫升、罗勒叶适量

 # 黑枣苹果奶昔

🍴做法

1 洗净的黑枣切开，去核，切小块。
2 洗净的苹果切瓣，去皮，去核，切成块，待用。
3 将苹果块和黑枣块倒入榨汁机中。
4 加入牛奶。
5 倒入酸奶。
6 盖上盖，启动榨汁机，榨约 30 秒成奶昔。
7 断电后揭开盖，将奶昔倒入杯中。
8 撒上肉桂粉即可。

🌿**材料：**苹果 80 克、黑枣 40 克、牛奶 80 毫升、酸奶 100 毫升、肉桂粉 20 克

椰子香蕉奶昔

材料： 椰子汁 200 毫升、香蕉 200 克

做法
1 香蕉切段。
2 取榨汁机，选择"搅拌"刀座组合，放入香蕉段。
3 加入椰子汁。
4 盖上盖，选择"榨汁"功能，榨汁。
5 把榨好的汁倒入杯中即可。

 # 猕猴桃奶昔

材料： 猕猴桃 200 克、牛奶 200 毫升

做法
1 猕猴桃切块。
2 取榨汁机，选择"搅拌"刀座组合，放入猕猴桃块。
3 加入牛奶。
4 盖上盖，选择"榨汁"功能，榨汁。
5 把榨好的汁倒入杯中即可。

芒果奶昔

做法

1 芒果去皮，切成丁，待用。
2 取榨汁机，倒入切好的芒果丁，再倒入酸奶，一起榨成芒果奶昔。
3 将芒果奶昔倒入杯中即可。

材料：芒果 200 克、酸奶 200 毫升

 # 菠萝苹果黄瓜思慕雪

做法

1 菠萝、黄瓜、苹果切块。
2 将切好的食材放入冰箱冷冻层，冻至坚硬。
3 将食材取出。
4 取榨汁机，选择"搅拌"刀座组合，放入食材。
5 加入老酸奶。
6 盖上盖，选择"榨汁"功能，榨取果汁。
7 将汁倒入杯子中即可。

材料：菠萝 200 克、老酸奶 300 毫升、苹果 200 克、黄瓜 100 克

蓝莓黄桃思慕雪

做法

1 黄桃去核，切块。
2 将切好的黄桃放入冰箱冷冻层，冻至坚硬。
3 将食材取出。
4 取榨汁机，选择"搅拌"刀座组合。
5 加入老酸奶、蓝莓。
6 盖上盖，选择"榨汁"功能，榨取果汁。
7 榨好的汁倒入杯子即可。

材料：蓝莓 200 克、黄桃 300 克、老酸奶适量

 ## 燕麦思慕雪

做法

1 将蓝莓、桑葚、红树莓放入冰箱冷冻层冻硬。
2 将食材取出。
3 取榨汁机，选择"搅拌"刀座组合，放入食材。
4 加入老酸奶。
5 盖上盖，选择"榨汁"功能，榨取果汁。
6 将汁倒入杯子中，撒上适量的即食燕麦片，摆上薄荷叶即可。

材料：即食燕麦片适量、蓝莓 100 克、桑葚 100 克、红树莓 100 克、薄荷叶适量、老酸奶适量

草莓思慕雪

材料：草莓 200 克、老酸奶 100 毫升

做法
1 草莓切成块。
2 将切好的食材放入冰箱冷冻层，冻至坚硬。
3 将食材取出。
4 取榨汁机，选择"搅拌"刀座组合，放入食材。
5 加入老酸奶。
6 盖上盖，选择"榨汁"功能，榨汁。
7 将汁倒入杯子中即可。

 # 菠萝香蕉思慕雪

材料：菠萝 200 克、老酸奶 100 毫升、香蕉 200 克

做法
1 菠萝切成块；香蕉切成块。
2 将切好的食材放入冰箱冷冻层，冻至坚硬。
3 将食材取出。
4 取榨汁机，选择"搅拌"刀座组合，放入食材。
5 加入老酸奶。
6 盖上盖，选择"榨汁"功能，榨取果汁。
7 将汁倒入杯子中即可。

红树莓思慕雪

🍽材料： 红树莓 200 克、老酸奶 100 毫升

🍴做法

1 红树莓切成块。
2 将切好的食材放入冰箱冷冻层，冻至坚硬。
3 将食材取出。
4 取榨汁机，选择"搅拌"刀座组合，放入食材。
5 加入老酸奶。
6 盖上盖，选择"榨汁"功能，榨取果汁。
7 将汁倒入杯子中即可。

 ## 猕猴桃香蕉思慕雪

🍽材料： 猕猴桃 200 克、老酸奶 100 毫升、香蕉 100 克

🍴做法

1 猕猴桃切成块；香蕉切成块。
2 将切好的食材放入冰箱冷冻层，冻至坚硬。
3 将食材取出。
4 取榨汁机，选择"搅拌"刀座组合，放入食材。
5 加入老酸奶。
6 盖上盖，选择"榨汁"功能，榨取果汁。
7 将汁倒入杯子中即可。

香蕉菠菜思慕雪

🍴做法

1 香蕉切段；菠菜切段。
2 将切好的食材放入冰箱冷冻层，冻至坚硬。
3 将食材取出。
4 取榨汁机，选择"搅拌"刀座组合，放入食材。
5 加入老酸奶。
6 盖上盖，选择"榨汁"功能，榨汁。
7 将汁倒入杯子中即可。

🌿**材料**：香蕉 200 克、菠菜 300 克、老酸奶 100 毫升

草莓石榴思慕雪

🍴做法

1 草莓切片。
2 将切好的草莓放入冰箱冷冻层，冻至坚硬。
3 将草莓取出。
4 取榨汁机，选择"搅拌"刀座组合，放入草莓。
5 加入老酸奶。
6 盖上盖，选择"榨汁"功能，榨取果汁。
7 将汁倒入杯子中，点缀上适量的石榴子即可。

🌿**材料**：草莓 200 克、石榴 100 克

香蕉牛油果思慕雪

材料： 香蕉 200 克、牛油果适量、薄荷叶适量

做法

1 香蕉切段；牛油果切块。
2 将切好的食材放入冰箱冷冻层，冻至坚硬。
3 将食材取出。
4 取榨汁机，选择"搅拌"刀座组合，留 2~3 段香蕉段，其余食材放入榨汁机。
5 加入老酸奶。
6 盖上盖，选择"榨汁"功能，榨取果汁。
7 将汁倒入放有香蕉段的杯子中，放入薄荷叶即可。

 # 黄瓜草莓思慕雪

材料： 黄瓜 200 克、草莓 100 克、老酸奶 200 毫升、黑芝麻适量

做法

1 黄瓜切片。
2 草莓切块。
3 将切好的食材放入冰箱冷冻层，冻至坚硬。
4 将食材取出。
5 取榨汁机，选择"搅拌"刀座组合，放入食材。
6 加入老酸奶。
7 盖上盖，选择"榨汁"功能，榨取果汁。
8 将汁倒入杯子中，撒上适量的黑芝麻，摆上一颗草莓即可。

菠菜黄瓜思慕雪

做法

1 将菠菜叶洗净；黄瓜切片。
2 将食材冷冻片刻。
3 取榨汁机，倒入菠菜叶、黄瓜片，倒入全脂牛奶，搅拌至顺滑。
4 倒入适量的白芝麻，继续搅拌至顺滑。
5 摆入菠菜叶，倒入芝麻装饰即可。

材料：菠菜叶 80 克、黄瓜 50 克、全脂牛奶半杯、白芝麻适量

 # 火龙果思慕雪

做法

1 火龙果洗净去皮，切成小块，待用。
2 取榨汁机，放入火龙果块、牛奶，搅打成汁。
3 断电后倒入杯中即可。

材料：火龙果 150 克、牛奶适量

西瓜思慕雪

做法

1 西瓜肉切小块。
2 取榨汁机，放入西瓜块、牛奶，搅打成汁。
3 倒入杯中即可。

材料：西瓜 500 克、牛奶适量

 # 苹果思慕雪

做法

1 苹果洗净去皮，切成小块，待用。
2 取榨汁机，放入苹果、牛奶，搅打成汁。
3 倒入杯中即可。

材料：苹果 500 克、牛奶适量

橙子蓝莓排毒水

🍴做法
1 橙子切片。
2 备好杯子，倒入橙子、蓝莓、薄荷叶，加入适量的凉开水拌匀。
3 将杯放入冰箱，冷藏30分钟即可。

🌿**材料**：橙子300克、蓝莓100克、薄荷叶适量

 ## 猕猴桃黄瓜排毒水

🍴做法
1 猕猴桃切片。
2 黄瓜切片。
3 取榨汁机，选择"搅拌"刀座组合，放入食材。
4 加入少许矿泉水。
5 盖上盖，选择"榨汁"功能，榨汁。
6 把榨好的汁倒入杯中即可。

🌿**材料**：猕猴桃300克、黄瓜100克

柠檬黄瓜排毒水

做法

1 柠檬切片。
2 黄瓜切片。
3 取一杯子，放入柠檬片、黄瓜片、薄荷叶拌匀。
4 注入适量的凉开水。
5 将杯子放入冰箱冷藏 30 分钟即可。

材料： 柠檬 100 克、黄瓜 200 克、薄荷叶适量

 # 柠檬蓝莓排毒水

做法

1 柠檬切片。
2 取一杯子，放入柠檬、蓝莓、红树莓、薄荷叶，注入适量的凉开水。
3 将杯子放入冰箱，冷藏 30 分钟即可。

材料： 柠檬 100 克、蓝莓 100 克、红树莓 100 克、薄荷叶适量

橙子罗勒排毒水

🍴 做法

1 橙子切片。
2 备好一个容器，放入橙子、罗勒叶。
3 加入适量的凉开水。
4 放入冰箱冷藏 30 分钟即可。

🌿**材料：**橙子 300 克、罗勒叶若干

黄瓜排毒水

🍴 做法

1 黄瓜切片。
2 备好杯，倒入黄瓜、薄荷叶。
3 注入适量的凉开水。
4 放入冰箱冷藏 30 分钟即可。

🌿**材料：**黄瓜 300 克、薄荷叶适量